팔도 음식

글, 사진/ 한복진

대원사

한복진

이화여자대학교 가정대학을 졸업하였고 한양대학교 대학원 식품영양학과에서 박사 학위를 취득하였다. 무형문화재 제38호 「조선왕조 궁중음식」 국가전수장학생을 이수하고 일본 조리사 전문학교 교수를 역임하였다. 현재 사단법인 궁중음식연구원 전임강사이며 한림전문대학 전통조리과 교수로 재직중이다. 저서로 『전통 음식』이 있다.

도움 주신 곳

그린 스튜디오

팔도 음식

사진으로 보는 팔도 음식

서울

신선로 조선조 오백 년의 수도였던 서울에는 조선 시대 풍의 요리가 많이 남아 있다. 또 궁중 음식의 영향을 많이 받아 고급스럽고 화려한 것도 많다. 신선로는 궁중 음식이 민간에 전해진 대표적인 보기로 숯을 넣는 화통이 가운데에 달려 있는 남비에 육류, 해산물, 채소 따위를 둘러 넣고 끓여 먹는 음식이다.

육개장 여름철 복중 음식으로 쇠고기를 넣고 맵게 간하여 끓인 음식이다. 개고기를 꺼렸던 옛날 양반들이 쇠고기를 대신 넣고 개장국처럼 끓여서 먹은 데서 유래한다.(왼쪽)
장김치 배추와 무를 소금이 아닌 진간장에 절여 담그는 김치이다. 밤, 배, 표고버섯 따위도 함께 넣는데 다른 김치에 견주어 빨리 익으며 겨울철에 더 맛이 난다.(오른쪽)

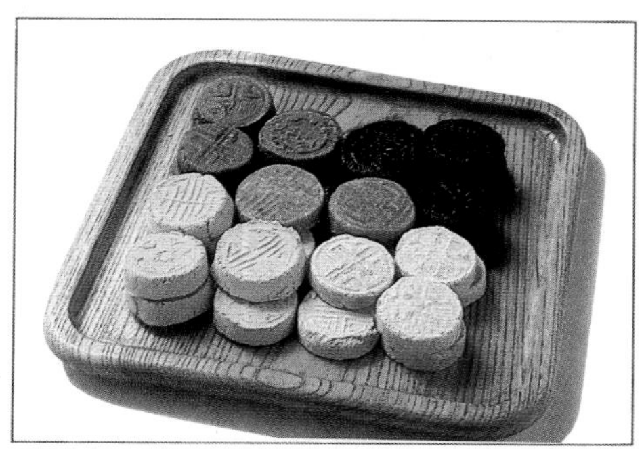

육포, 대추 서울에서는 폐백을 할 때 쇠고기 육포와 대추를 마련한다.(위)
다식 깨, 콩, 찹쌀 따위를 볶아서 가루로 만든 다음 꿀과 물엿으로 반죽하여 다식판에 넣고 박아낸 것인데 의례상에 빠지지 않고 올려진다. 노란색은 송화다식, 분홍색은 오미자다식, 갈색은 흰깨다식, 검은색은 흑임자다식, 녹색은 청태다식이다.(아래)

홍합초 초(炒)란 일종의 조림을 말한다. 홍합을 데쳐서 물, 간장, 마늘, 생강과 함께 조리다가 녹말을 풀어 걸쭉하게 익힌다. 서울 지방에서는 홍합초같이 깔끔한 밑반찬을 준비해 두는 집이 많았다. 전복으로 전복초를 만들기도 한다.

경기도

밭농사와 논농사가 고루 발달한 경기도는 서해안과 접해 있고 지형적으로도 산과 강이 어우러져 있기 때문에 해산물과 산채도 풍부하다. 경기도에서 생산되는 여러 가지 잡곡들이다.

경기도 음식은 서울 음식보다 소박하며 양념도 수수하게 쓰는 편이다. 그러나 고려 시대의 수도였던 개성의 음식은 서울, 진주 음식과 더불어 호화스럽고 사치스럽다.

냉이국 봄철에 식욕을 돋구어 주는 시원한 국이다. 쌀뜨물에 된장을 풀고 조개와 냉이를 넣어 끓인다.

개성 무찜 무에 고기, 밤, 대추, 은행을 넣고 만든 찜요리로 무의 맛과 다양한 재료가 잘 어울리는 별미이다.

조랭이떡국 개성에서는 정초에 누에고치의 생김새를 본떠 만든 떡으로 국을 끓인다. 누에는 길(吉)함을 뜻한다. 흰떡을 대나무 칼로 썰어 육수에 끓인 다음 계란과 고기를 고명으로 얹는다.(왼쪽 위)

비늘김치 무에 어슷하게 칼집을 내어 절인 다음 그 사이에 양념을 채워 배추김치 사이에 한켜씩 넣어 익힌다. 요즈음 서울 지방에서도 김장을 담글 때에 이 김치를 담그는 집이 많다.(왼쪽 가운데)

닭젓국 새우젓으로 간을 한 국물이 많은 찜요리이다.(왼쪽 아래)

개성 주악 보통 주악과는 달리 찹쌀가루와 멥쌀가루를 섞은 것에 막걸리를 조금 넣고 반죽한다. 반죽을 둥글게 빚고 기름에 튀겨 조청에 넣는다. 개성 주악은 크게 만드는 것이 특색이고 담을 때는 가운데에 대추쪽이나 통잣을 하나씩 박는다.(오른쪽)

장떡 햇된장에 찹쌀가루나 밀가루 그리고 다진 고기, 풋고추, 파, 마늘을 넣고 양념하여 섞은 다음 둥글납작하게 빚어 찜통에 찐다. 찬으로 하거나 찐 것을 말렸다가 석쇠에 구워 먹기도 한다. 경기도뿐 아니라 다른 지방에서도 즐기는 음식이다.

개성 편수　네모진 서울의 편수와는 달리 둥근 껍질에 쇠고기, 돼지고기, 닭고기, 두부, 배추김치, 숙주 따위로 만든 속을 가득 채워 통통하게 만든다. 끓는 장국에 익혀서 초장에 찍어 먹거나 뜨거운 장국에 넣어 먹는다.

강원도

강원도 지방의 특산물 가운데 하나인 옥수수이다.

강원도는 한류와 난류가 엇갈리는 동해와 면하고 있고 태백산맥을 잇는 산과 골짜기, 분지가 어울려 있는 곳이다. 따라서 그 산골마다 각각 생산물이 다르고 해안 지방에서 나는 산물이 또 다르다. 감자, 옥수수, 메밀, 도토리가 많이 나서 이것들을 주식의 재료로 삼았는데 이 식품들이 평상시에는 주식이면서 또 향토 별미로서 사랑을 받는 음식이 되었다. 산악 지방에는 육류를 쓰지 않는 음식이 많으며 해안 지방에서는 멸치나 조개를 넣어 음식의 맛을 낸다.

감자경단 강원도에서는 감자가 많이 난다. 따라서 감자를 써서 만든 음식이 많다. 녹말가루를 반죽하여 찐 다음 콩고물과 거피팥고물을 묻혀 경단을 만들었다.

오징어구이 동해안에서 많이 잡히는 오징어에 칼집을 내서 고추장 양념을 한 다음 불고기처럼 구워 먹는다.(위 왼쪽)

더덕생채 더덕의 껍질을 벗겨 두들긴 다음 가운데를 갈라 초고추장에 무친다. 더덕은 향이 좋은 산채로 구워서 먹기도 한다.(위 오른쪽)

팥국수 팥을 무르게 삶아 건져서 팥물에 밀국수를 넣었다.(아래 왼쪽)

막국수 춘천 막국수는 강원도의 대표적인 음식이다. 메밀가루로 만든 국수에 김칫국물을 부어서 먹는데 김칫국물은 양념을 많이 한 것보다는 맑은 김칫국물이 좋고 김칫국물과 함께 차게 식힌 육수를 섞으면 더 맛이 난다.(아래 오른쪽)

충청도

충청도 음식은 꾸밈이 없고 소박하다. 충청도는 농업이 성한 곳으로 곡식의 생산이 많아 죽, 국수, 수제비 같은 음식이 흔하다. 늙은 호박으로 죽을 쑤거나 범벅을 만드는 것이 다른 도와 견주어 특이하다. 또 국물을 내는데 고기보다 해물을 많이 쓴다.

충청도에서는 농업이 성해서 쌀, 보리, 고구마 같은 곡식과, 무, 배추 따위의 채소 그리고 목화와 모시가 많이 생산된다. 또 서해와 접해 있는 해안 지방은 좋은 어장을 갖추고 있다. 천원군에서는 과수 재배가 활발하고 특히 성환의 배와 참외가 유명하다. 껍질의 생김새 때문에 개구리참외라고도 부르는 성환 참외는 맛이 아주 뛰어나지만 요즈음에는 거의 보기가 힘들다.(앞쪽)

청국장 흰콩을 삶아 따뜻한 곳에 이삼 일 두어 발효시킨 다음 먹는 된장으로 독특한 향이 있다. 겨울철에 두부, 김치를 넣고 찌개를 끓인다.(위)

굴냉국 충청남도 서산에서는 굴이 많이 난다. 이 곳에서는 생굴에 청장, 파, 마늘을 넣고 양념한 다음 동치미 국물을 부어 굴냉국을 만든다. 찰밥과 맛이 잘 어울린다.(위 왼쪽)

호박꿀단지 늙은 호박의 꼭지 부분을 동그랗게 도려 내어 그 속에 꿀을 한 홉쯤 넣고 막아 큰 솥에 쪄서 한김 나가면 속의 고인 물을 따라 마신다. 이것은 부증을 가라앉히는 데 효과가 있다.(위 오른쪽)

생떡국 쌀가루를 익반죽하여 납작하게 빚은 다음 조개를 우린 국물에 넣고 끓인다. 날떡국이라고도 한다.(아래 왼쪽)

묵볶음 도토리묵이나 상수리묵을 썰어서 말렸다가 다시 불려 채소와 같이 볶는다. 쫄깃한 맛이 독특하다.(아래 오른쪽)

전라도

전라도의 여러 특산물 가운데 하나인 약산 흑염소이다. 전라남도 완산군 약산에서 나는 갖가지 약초 가운데에 삼지구엽초를 먹고 자란 이곳 흑염소들은 다른 지방의 것보다 효험이 훨씬 더 좋아 값이 곱절이나 더 나간다.

전라도는 곡식과 해산물과 산채가 두루 풍부하다. 음식을 만들 때에도 넉넉한 재료들을 가지고 정성을 많이 들여 음식이 매우 호사스럽다. 조선 왕조 왕가인 전주 이씨의 본관이 되는 전주를 비롯하여 전라도의 여러 곳에서 부유한 토반들이 대를 이어 좋은 음식을 전수하고 있으므로 어느 지방도 따를 수 없는 풍류와 맛의 고장이라고 하겠다.

전주 비빔밥 전라도 음식 가운데에서 전국에 가장 널리 퍼진 음식으로 전라도에서 나는 풍부한 산물을 골고루 넣어 만든다. 철에 따라 여러 가지 나물과 청포묵, 육회를 얹는다.

유곽 조갯살을 다져서 된장을 넣고 양념한 다음, 껍질에 채워서 구워낸 조개구이이다. (왼쪽)

두루치기 쇠고기의 살과 내장류, 무, 배추, 버섯 같은 여러 가지 재료들을 볶아서 잣, 은행, 실고추 따위를 고명으로 얹는 호화로운 음식이다. (오른쪽)

미나리강회 미나리의 잎과 뿌리를 따고 살짝 데쳐서 만든다. 미나리, 편육, 실고추, 알고명을 두어 개씩 나란히 몰아잡고 늘어진 미나리 줄기로 똘똘 감아서 잡아맨다. 초고추장에 찍어 먹으면 그 맛이 상큼하다.

더덕장아찌 더덕을 고추장에 박아두었다가 꺼내서 양념을 하여 반찬으로 먹는다.

갓김치 갓을 절여서 실파와 함께 만드는 김치로 젓국을 넉넉히 넣고 간을 맵게 한다. (위 왼쪽)
홍어어시욱 홍어를 토막내어 양념을 뿌린 다음 짚을 깔고 찐다. 말린 홍어를 불려서 쓰기도 한다. (위 오른쪽)
낙지구이 낙지 발을 볏짚으로 돌려 말아서 양념장을 여러 번 바르며 굽는다. (아래)

부각 부각은 여러 가지 재료에 찹쌀풀을 발라 말려 두었다가 필요할 때마다 튀겨서 먹는 음식으로 밑반찬이나 안주로 먹으면 좋다. 부각을 만들 수 있는 것으로는 김, 들깨송이, 동백잎, 감자, 다시마, 가죽나무잎 따위로 다양하다.

경상도

경상도 지방의 특산물 가운데 하나인 영양의 고추이다. 이곳은 옛날부터 고추 재배가 성했던 곳으로 고추의 껍질이 두꺼워 가루가 많이 나고 매우면서도 단맛이 있어 높은 값을 받는다.

경상도는 동해와 남해에 접해 있어 해산물이 풍부하고 곡식도 골고루 생산된다. 음식의 간은 맵고 짠 편이며 물고기를 고기라고 할 만큼 생선을 제일로 쳐서 해산물을 넣는 음식도 매우 많다. 곡물 음식 가운데에서는 국수를 즐기며 범벅이나 풀떼죽은 별로 즐기지 않는다.

미나리찜 미나리와 부추를 썰어서 된장, 밀가루, 마늘, 고춧가루를 넣고 버무린 다음 찐다. (위)
재첩국 낙동강 하류에서 많이 잡히는 재첩으로 끓인 맑은 국이다. (아래)

벌떡게장 바닷게를 큼직하게 토막 내어 양념장을 붓는다. 오래 두고 먹지 못하므로 벌떡게장이라는 이름이 붙었다. (위)
미더덕찜 미더덕을 여러 가지 채소와 함께 끓인 다음 찹쌀가루를 풀어 되직하게 한 매운 찜이다. (아래)

애호박죽 바지락조개를 참기름으로 볶다가 쌀과 애호박을 넣고 끓인 죽이다. 색도 곱고 맛도 산뜻하다.

진주 비빔밥 진주 비빔밥은 제사를 지내고 난 뒤에 자손들이 음복(飮福)을 할 때 차린 제물을 모아 비벼서 나눈 데에서 비롯되었다고 한다. 오색 나물과 고명을 화려하게 얹어 화반(花飯)이라고도 부른다. 내장류와 나물이 든 선지국을 반드시 함께 낸다.

제주도

연안 식혜 조갯살을 쌀밥과 함께 엿기름에 버무렸다가 삭히는데 보통 식혜나 안동 식혜와는 다른 특이한 식혜이다.(위)

행적 배추김치, 돼지고기, 실파, 고사리 따위를 잘게 썰어서 대꼬치에 꿴 다음 계란옷을 입혀 지진 누름적이다.(아래)

김치순두부 불린 콩을 갈아서 끓이다가 신김치를 넣고 끓인다. 요즈음에 서울에서 볼 수 있는 순두부와는 조금 다르게 두부가 엉겨 있다.

평안도

평안도의 특산물 가운데 하나인 밤은 함종이 중심지로 성천, 강동, 양덕에서 재배하여 평양 약밤으로 파는데 품질이 좋다. (왼쪽)
평안도는 산세가 험하지만 서해안에 면하고 있어 해산물이 풍부하고 곡식과 산채도 많이 난다. 평안도 사람들의 성품은 대륙적이고 진취적이어서 음식도 큼직하고 먹음직스럽고 푸짐하게 마련한다. 추운 지방이어서 기름진 육류 음식을 즐겨 먹으며 메밀로 만든 냉면과 만두국같이 가루로 만든 음식도 많다. 음식의 생김새보다는 소담스럽게 많이 담는 것을 즐긴다. (오른쪽)

평양 냉면 고원에서 재배한 질 좋은 메밀과 감자로 국수를 만들어서 잘 익은 동치미 물과 육수를 합한 국물에 말아 먹는다. 추운 겨울, 뜨거운 온돌방에서 즐기는 차가운 냉면의 맛이 일품이다. (왼쪽)

어복쟁반 큼직한 놋쟁반에 쇠고기 편육, 국수, 버섯, 배, 계란 들을 돌려 담고 뜨거운 육수를 부으면서 먹는 온면이다. (오른쪽)

되비지 불린 콩을 갈아서 돼지갈비와 함께 끓인 일종의 찌개로 배추김치나 배추 절인 것도 함께 넣는다. (위)
오이토장국 된장국에 오이를 건더기로 넣은 것으로 늙은 오이의 껍질을 벗겨 어슷어슷하게 썰어 된장국을 끓인다. 오이를 넣어 시원한 맛이 난다. (아래)

김치밥 겨울철에 신김치를 고기와 함께 넣어 만든 별미밥이다.

함경도

황태 덕장이다. 함경도와 닿아 있는 동해안은 리만 한류와 동해 난류가 교류하는 세계 3대 어장의 하나로 여러 생선들이 두루 잡힌다. (왼쪽)
함경도는 험악한 산간 지대로 논농사보다는 밭농사가 발달하여 잡곡의 생산이 많으며 한류와 난류가 교차하는 동해의 어장을 끼고 있어 여러 가지 생선들이 많이 난다. 이곳 음식의 간은 짜지 않고 담백하나 마늘, 고추 같은 양념을 강하게 쓴다. 함경북도로 올라갈수록 간은 세지 않고 담백하며 음식의 모양도 큼직하고 시원스럽다. 장식도 단순하며 기교를 부리거나 사치스러운 음식은 별로 없다. (오른쪽)

가릿국밥 쇠고기와 사골을 고아 만든 육수에 두부, 삶은 선지, 육회를 얹었다. (왼쪽)
청어구이 청어를 소금에 절였다가 구워서 양념장을 뿌린다. (오른쪽 위)
동태순대 함경도에서는 동태가 많이 잡힌다. 다른 지방처럼 돼지 창자로 만드는 순대도 있지만 동태로 만든 순대가 더 유명하다. 동태의 내장을 모두 빼내어 깨끗이 한 다음 돼지고기, 두부, 숙주 따위로 만든 소를 뱃속에 채워 넣고 얼렸다가 쪄서 먹는 겨울철 별미이다. (오른쪽 가운데)
가자미식해 가자미를 소금에 절인 다음 좁쌀밥, 무, 고춧가루, 파, 마늘, 생강, 엿기름과 같이 버무려서 삭힌다. 조금씩 익으면서 물이 생기고 새큼한 맛이 난다. 이 식해는 음료가 아니라 생선과 곡류로 만든 일종의 젓갈이다. (오른쪽 아래).

팔도 음식

한국 향토 음식의 특징

음식의 맛은 그 지방의 풍토 환경과 그 지방에 사는 사람들의 품성을 잘 나타낸다고 할 수 있다.

한반도는 남북으로 길고, 동서로 좁은 지형이어서 북부 지방과 남부 지방은 기후에 큰 차이가 있으며 북쪽은 산간 지대, 남쪽은 평야 지대여서 산물도 서로 다르다. 따라서 각 지방마다 특색 있는 향토 음식이 생겨나게 되었다.

지금은 남북이 분단되어 있는 실정이지만 조선 시대의 행정 구분을 보면 전국을 팔도로 나누어 북부 지방은 함경도, 평안도, 황해도로, 중부 지방은 경기도, 충청도, 강원도로 남부 지방은 경상도와 전라도로 나누었다. 당시는 교통이 발달하지 않아서 각 지방 산물의 유통 범위가 좁았다. 그래서 지방마다 소박하면서도 독특한 음식이 생겨날 수 있었다. 그러다가 점차 산업과 교통이 발달하여 다른 지방과의 왕래와 교역이 많아지고 물적 교류와 인적 교류가 늘어나서 한 지방의 산물이나 식품이 전국 곳곳으로 퍼지게 되고, 음식을 만드는 솜씨도 널리 알려지게 되었다.

지형적으로 북부 지방은 산이 많아 밭농사를 주로 하여 잡곡의 생산이 많고 서해안에 면해 있는 중부와 남부 지방은 쌀농사를 주로 하므로 북쪽 지방은 주식으로 잡곡밥을, 남쪽 지방은 쌀밥과 보리밥을 먹게 되었다.

찬품으로는 전국 어디에서나 좋은 반찬이라 하면 고기 반찬을 꼽으나 평상시의 찬은 대부분 채소류가 중심이고, 저장하여 두고 먹을 수 있는 김치류, 장아찌류, 젓갈류, 장류가 있다.

산간 지방에서는 육류와 신선한 생선류를 구하기 어려우므로 소금에 절인 생선이나 말린 생선, 해초 그리고 산채를 쓴 음식이 많고 해안이나 도서 지방은 바다에서 얻는 생선이나 조개류, 해초가 찬물의 주된 재료가 된다.

지방마다 음식의 맛이 다른 것은 그 지방의 기후와도 밀접한 관계가 있다. 북부 지방은 여름이 짧고 겨울이 길어서 음식의 간이 남쪽에 비하여 싱거운 편이고 매운맛은 덜하다. 음식의 크기도 큼직하고 양도 푸짐하게 마련하여 그 지방 사람들의 품성을 나타내 준다. 반면에 남부 지방으로 갈수록 음식의 간이 세면서 매운맛도 강하고 조미료와 젓갈을 많이 쓰는 경향이 나타난다.

오늘날에 이르러서는 생활 수준이 향상되어 서구적인 음식의 맛도 즐기게 되었지만 우리의 고유한 음식도 별미로 찾게 되었다. 큰 도시에는 지방의 향토 음식을 전문으로 하는 음식점도 많이 생기고 가정에서도 다른 지방의 음식들을 만들어 즐기게 되었다.

이 책에서는 우리나라를 조선 시대에 구분한 팔도에 제주도와 서울 지방을 덧붙여서 열 개의 구역으로 분류하였다.

서울

서울 지방은 지역 자체에서 나는 산물은 별로 없으나 전국 각지에서 가져온 여러 가지 재료를 활용하여 사치스러운 음식을 만들었다. 우리나라에서 서울, 개성, 전주 세 군데는 음식이 화려하고 다양한 곳으로 유명하다. 서울은 조선 시대 초기부터 수도였으므로 조선 시대풍의 요리가 많이 남아 있다.

서울 음식의 간은 짜지도, 맵지도 않은 적당한 맛을 지니고 있다. 양반이 많이 살던 고장이라 격식이 까다롭고 맵시도 중히 여기며 의례적인 것도 중요시한다. 궁중 음식이 반가에 많이 전해져서 궁중 음식과 비슷한 것이 많으며 다양하다.

특산물과 장

서울에서 농업이 차지하는 비율은 매우 낮다. 그러나 전국 각지의 특산물이 집결되는 곳이므로 장을 중심으로 한 생산 활동이 활발하다. 서울에 큰 장이 처음 생긴 것은 조선 태종 12년(1412)에 종로에 시전행랑을 건설하면서 비롯되었다. 종로 네거리를 중심으로 남쪽으

을 풀어서 반쯤 익힌 다음 반병두리나 대접에 푸고 다진고기 또는 산적을 얹어서 낸다. 떡국에는 나박김치와 배추김치를 곁들인다.

장김치

배추 줄기와 무를 갸름한 네모로 나박김치거리처럼 썰어 진간장에 절이는 김치이다. 밤과 배는 껍질을 벗겨서 납작하게 저미고, 갓이나 미나리는 길쭉하게 썬다. 표고는 불려서 채썰고 파, 마늘, 생강 같은 양념도 채썬다. 항아리에 재료를 모두 담고 무, 배추를 절였던 간장물에 물을 더 부어서 간을 심심하게 한 다음 붓고 익힌다. 장김치는 다른 김치보다 빨리 익으며 가을보다 겨울철에 더 맛이 난다.

갑회

소의 내장류를 회로 만든 것이다. 서울에는 예전부터 도살장이 있어 신선한 내장류를 구할 수 있었기 때문에 술안주로 즐기던 음식이다. 소의 양과 처녑을 소금으로 잘 주물러 씻는다. 양은 끓는 물에 살짝 넣었다 꺼내서 검은막을 없앤 다음 얇게 저민다.

각각을 접시에 담고 잣가루를 뿌린다. 갑회는 겨자장이나 초고추장에 찍어 먹으면 맛이 좋다.

육포

쇠고기의 우둔이나 홍두깨살을 기름과 힘줄은 모두 다듬고 고기의 결대로 넓고 얇게 포를 떠서 칼로 자근자근 두드린다. 간장에 설탕이나 꿀, 후춧가루를 넣고 고루 섞어서 포를 뜬 고기조각에 뿌려 간이 잘 배도록 주무른 다음 채반에 겹치지 않게 잘 펴서 말린다. 겉이 꾸덕꾸덕 마르면 뒤집어서 말린다. 마른 포를 한지 주머니에 넣어 바람이 잘 통하는 곳에 걸어서 보관하고 먹을 때에는 참기름을 발라서 석쇠에 구워 먹기 좋은 크기로 썬 다음 잣가루를 뿌려 낸다. 이처럼 고기를 넙적하게 그대로 말린 것을 장포라 하며 칠보편포는 다진 고기를 동글납작하게 빚어서 그 위에 잣을 일곱 개 박아 마치 보석처럼 만든 것이다. 또 다진고기를 대추만한 크기로 빚어 잣을 박은 것을 대추편포라 한다.

족편

소의 족과 쇠머리 따위를 푹 고아서 굳힌 족편은 겨울철 별식과 술안주로 일품이다. 우족은 깨끗이 손질하여 물을 넉넉히 부어 푹 끓이는데 냄새를 없애기 위해 생강, 마늘, 파들을 넣는다. 뼈에서 골수나 고기가 저절로 떼어질 정도로 충분히 고아서 건더기를 모아 다진 다음 생강즙과 간장, 소금, 후춧가루로 간을 맞추어 다시 끓인다. 넓은 그릇에 걸쭉한 국물을 부어서 식힌 다음 한김 나가면 지단채, 파잎, 실고추, 석이나물을 고명으로 얹는다. 식어서 굳으면 묵처럼 썰어 초장을 찍어 먹는다. 우족에 사태나 쇠머리를 섞어 만들기도 한다.

전복초, 홍합초

초(炒)는 일종의 조림을 말한다. 전복과 홍합은 날것으로 먹기도 하지만 전에는 말린 것을 불려서 쓰는 경우도 있었다. 날것인 경우에는 깨끗이 손질하여 홍합은 끓는 물에 데치고 전복은 그대로 얇게 저민다. 남비에 간장과 물을 담고, 마늘과 생강, 파를 함께 넣고 끓이다가 전복이나 홍합을 넣어 국물이 잦아들 때까지 서서히 조린다. 남은 국물에 녹말을 풀어 걸쭉하게 익혀 윤기가 나게 하고 참기름을 넣어 향을 낸다. 서울에는 홍합초, 전복초처럼 깔끔한 밑반찬과 육포, 어포 같은 마른찬 그리고 젓갈을 늘 준비해 두는 집이 많았다.

너비아니

쇠고기로 하는 불고기를 가리키는 말로 고기 조각을 너붓너붓하게 썬 것에서 나온 이름인 듯하다. 등심이나 안심을 약간 도톰하게 저며서 잔 칼집을 낸다. 양념장은 간장에 설탕과 다진 파, 마늘, 깨소금, 참기름, 후춧가루를 넣어 고루 섞고 배가 있는 철이면 껍질을 벗겨 강판에 갈아 넣는데 없으면 육수를 넣도록 하며 간은 세게 하지 않는다. 굽기 30 분 전쯤 양념장에 고기 조각을 담가 주물러서 간이 배게 한다. 숯불에 석쇠나 불고기 구이판을 얹어 충분히 달구어서 구우면 맛이 아주 좋다. 오랫동안 양념장에 재우면 고기가 질기고 맛이 떨어진다. 구울 때에도 지나치게 구우면 질기고 맛이 덜하다.

그 밖에 서울 지방의 음식 가운데에 주식은 장국밥, 비빔국수, 편수, 메밀만두, 국수장국, 생치(꿩)만두 같은 것이 있고 찬종류로는 떡찜, 갈비찜 그리고 전류, 편육, 어채, 구절판, 추어탕, 숙깍두기 같은 것이 있다.

떡은 모양도 예쁘고 고물도 다양한데 각색편과 단자류, 약식을 많이 만든다.

경기도

경기도는 밭농사와 논농사가 골고루 발달했으며 서해안에서는 해산물을 얻고 산간에서는 산채를 얻어 여러 가지 식품이 생산되는 곳이다. 음식은 소박하면서도 다양하나 개성 음식을 빼고는 이 지방만의 고유한 음식은 몇 가지 되지 않는다.

경기도 음식은 서울 음식보다는 소박하며 간은 세지도 약하지도 않은 중간 정도이고, 양념도 수수하게 쓰는 편이다.

경기도는 강원도, 충청도, 황해도와 접해 있어 그 지방 음식들과 공통점이 많고 이름도 같은 것이 많다. 범벅이나 풀떼기, 수제비 같은 음식은 호박, 강냉이, 밀가루, 팥 따위를 섞어서 구수하게 만든다. 주식인 밥은 오곡밥과 찰밥을 즐기고 국수는 맑은 장국 국수보다는 제물에 끓인 칼국수나 메밀칼싹두기와 같이 국물이 걸쭉하고 구수한 음식이 많다. 그리고 충청도와 황해도 지방에서 많이 하는 냉콩국도 즐긴다.

개성은 고려 시대의 수도였던 까닭으로 음식에 그 당시의 솜씨가 남아 서울, 전주와 더불어 우리나라 음식 가운데에 가장 호화스럽고 종류가 다양한 지역이다. 사치스럽기는 궁중 요리에 비길 만하며, 개성 음식을 만들려면 많은 노력과 여러 가지 재료가 필요하다.

특산물

경기도는 서해안과 접해 있고 지형적으로 산과 강이 어우러져 있는 곳으로 해산물과 산채는 물론 농산물도 풍부하다.

남양의 석굴

화성군 남양에서 나는 굴은 고려 때부터 왕실에 올리던 것으로 알이 잘고 맛이 좋으며 토질병에 약이 된다고 하였다. 이곳은 '남양 원님 굴회 마시듯 한다'는 속담이 있을 만큼 굴이 많은 곳이다. 또 남양만은 옛날부터 소금이 특산물이고 지금도 염전이 많다.

용문산의 산채

고사리, 고비, 취나물, 더덕 같은 산나물이 많이 나는데 쓴맛이 적어 우리지 않고 바로 먹을 수 있는 것이 특징이다.

이천의 자채쌀

자채쌀은 재래종 벼로 못자리를 만들지 않고 볍씨를 논에 곧바로 뿌려 키운다. 대월면에서 나는 쌀이 임금님께 진상하는 쌀로 가장 이름을 떨쳤는데 자채쌀로 지은 밥은 빛깔이 아주 희고 차졌다고 하나 지금은 거의 없어졌다. 남한강 주위의 넓고 기름진 평야는 물이 넉넉하여 벼농사에 적합하다.

김포, 고양의 웅어

옛날부터 진귀한 고기로 여겨온 웅어는 잔뼈가 많고 살이 얇은 고기이다. 한강 하류의 김포에서 많이 잡히며 5월 단오가 제철이다. 조선 시대에는 왕가에 진상하였다. 회로 쳐서 먹거나, 웅어감정(찌개)을 끓여 먹었다.

수원 불갈비

조선 시대 영, 정조 때 실학파들의 힘으로 열린 수원장은 서울의 남대문 시장, 동대문 시장에 버금가는 시장인데 쇠전도 있어 전국에서 소장수들이 몰려들었다. 그 때문에 이곳의 불갈비 집들이 유명해진 듯하다.

가평의 잣

가평군의 잣 생산량은 전국 생산량의 절반을 차지한다. 또 약초와 산나물도 많이 나는데 특히 팔십년대에 들어서서 두릅과 버섯의 생산이 두드러지고 양봉에도 힘쓰고 있다.

연천의 콩, 도토리묵, 꿩만두

연천 콩은 옛날부터 알이 굵고 빛깔이 좋은 것으로 알려져 있으며 생산량도 많다. 음식 가운데에는 도토리로 만든 묵과 꿩고기를 넣은 꿩만두가 유명했으나 요즈음에는 없어졌다. 파도 연천의 특산물이다.

대표적인 경기도 음식

고려의 도읍이었던 개성의 음식이 주로 경기도 음식을 대표한다. 개성만의 독특한 음식의 생김새와 조리법이 흥미를 끈다.

개성 편수

서울의 편수처럼 네모지게 빚는 것이 아니라 둥근 껍질에 아기 모자처럼 속을 많이 넣어 통통하게 만든다. 이것을 끓는 장국에서 익혀내어 초장에 찍어 먹거나 뜨거운 맑은 장국에 넣어 먹는다. 만두 속으로는 쇠고기, 돼지고기, 닭고기를 모두 쓰고 두부, 배추김치, 숙주 들을 함께 넣고 빚는다.

조랭이떡국

흰떡을 대나무 칼로 밀어 누에고치처럼 만든 다음 육수에 넣어 끓여 먹는 정월 음식이다. 누에는 정월의 길(吉)함을 표시한다고 하며, 조롱의 모양으로 악귀를 막는다는 뜻도 있다 한다.

개성 무찜

무에 쇠고기, 돼지고기, 닭고기와 밤, 대추, 은행 들을 넣고 찌는 음식으로 무의 맛과 다양한 재료가 잘 어울린다.

개성 보쌈김치

이것은 본디 개성의 씨도리 배추를 밑둥만 남기고 잘라 만든다. 배추의 넓은 잎은 그대로 두고 무와 배추의 줄기는 납작하게 썰어서 절인 다음 미나리, 갓, 파, 마늘, 생강 같은 양념과 배, 밤, 잣, 대추 같은 과실과 낙지, 전복 같은 해물 그리고 표고버섯과 석이버섯을 넣어 고춧가루, 조기젓국과 한데 버무린다. 그 다음에 절인 배추잎을 펴고 위에 버무린 것들을 놓아 오므려서 항아리에 차곡차곡 담아서 익힌다. 김치 가운데에서 가장 사치스럽고 공이 많이 들며 보통 김치보다 빨리 익는다.

개성 모약과

밀가루에 참기름을 넣고 오래 비빈 다음 술, 생강즙, 꿀을 넣어 되게 반죽한다. 약과판에 박아내는 것이 아니라 편편하게 밀어서 작게 완자형이나 네모지게 썬다. 폐백이나 고임상에는 네모로 크게 썰어 온도가 낮은 기름에서 서서히 튀겨 꿀을 바르고 잣가루를 뿌려 먹는다.

개성 경단

보통 경단과는 달리 경아가루라 하여 말린 팥가루를 쓴다. 팥을 무르게 삶아 앙금을 모아 말린 다음 참기름을 넣어 고루 비벼서 다시 말려 고운 체에 친다. 경단은 멥쌀가루와 찹쌀가루를 더운 물로 반죽하여 둥글게 빚어 끓는 물에 삶아 건진다. 이것에 경아가루를 고루 묻혀서 조청에 무친 다음 잣을 얹어 낸다.

제물칼국수

밀가루를 반죽하여 밀대나 홍두깨로 얇게 민 다음 썰어서 멸치나 쇠고기로 만든 장국에 넣어 끓인다. 지금부터 이백 년쯤 전에도 햇밀이 나면 농가에서 이것을 맷돌이나 방아로 가루를 낸 다음 국수를 만들어 제물로 끓였다는 기록이 세시기에 나와 있다. 남도 사람들은 더운 여름에 땀을 흘리면서도 뜨거운 밀국수를 즐기며 북도 사람들은 추운 겨울에 찬 냉면을 즐기는 것이 이채롭다.

장떡(장땡이)

장떡은 다른 지방에서도 즐기는 음식이다. 정월이나 2월에 담그는 장이 육십 일쯤 지나면 메주는 건져서 소금으로 간하고 버무려서 된장으로 쓴다. 이 때에 건져낸 노란 햇된장에 찹쌀가루나 밀가루 그리고 다진고기와 풋고추, 파, 마늘 들을 넣고 양념하여 잘 섞는다. 이것을 둥글납작하게 반대기를 만들어서 찜통에 쪄내어 얇게 썰어 찬으로 하거나 말려서 보관해 두었다가 석쇠에 구워 먹기도 한다. 또 먼길을 떠날 때에 찬으로 가지고 다니기도 했다.

여주 산병

멥쌀로 절편하듯이 흰떡을 만들어서 여러 색으로 물감을 들여 새 모양, 꽃 모양의 색떡을 만든다. 또 다른 방법으로는 크고작은 개피떡 두 개를 만들어 네 끝을 한데 모아 붙이는 것이 있다. 위에 물감으로 무늬를 그려서 웃기로 쓰기도 한다.

비늘김치

동치미를 담그는 작은 무를 생선의 비늘처럼 어슷하게 칼집을 낸 다음 그 사이에 무채 속을 채워서 배추잎으로 하나씩 싸서 담그는 김치이다. 배추김치 사이에 넣어 익히기도 한다.

그 밖에 경기도 향토 음식 가운데 주식으로는 팥밥, 오곡밥, 수제비, 팥죽, 칼싹두기가 있고 찬으로는 닭국을 새우젓으로 간한 개성 닭젓국과 개성 순대, 해삼과 홍합을 가운데 놓고 두부와 다진 쇠고기를 양념하여 주먹만하게 빚어 계란 푼 것을 입혀 번철에 지져내는 홍해삼이라는 음식이 있다. 개성말고 다른 지방의 찬으로는 냉이토장국, 감동젓(곤쟁이젓)찌개, 배추꼬지볶음, 호박선, 꽁치된장구이, 뱅어죽, 가지탕(갈비탕), 죽탕, 메밀묵무침이 있고 용인외지, 꿩김치, 고구마 줄기김치, 순무김치가 있다.

떡으로는 수수도가니와 수수부꾸미, 개떡 따위가 있고 음료로는 모과화채, 배화채 등이 있다.

강원도

강원도는 영서 지방과 영동 지방에서 나는 산물이 다르고 산악 지방과 해안 지방에서 나는 산물이 다르다.

산악이나 고원 지대에서는 쌀농사보다는 밭농사가 더 발달하여 감자나 잡곡이 많이 난다. 산에서 나는 도토리, 상수리, 칡뿌리, 산채들은 옛날에는 구황식물에 속했지만 지금은 일반 음식으로 많이 먹는다. 해안에서는 명태, 오징어와 함께 미역이 많이 난다. 산악 지방은 육류를 쓰지 않는 음식이 많으나 해안 지방에서는 멸치나 조개를 넣어 음식 맛을 낸다. 이곳 음식은 아주 소박하며 감자, 옥수수, 메밀을 이용한 음식이 다른 지방보다 많다.

특산물

황태

동해안에서 잡은 명태를 주문진, 묵호, 속초 항구에 들여와 내장은 빼서 명란젓이나 창란젓을 담그는 데 쓰고, 몸체는 평창군의 횡계천에 가져와 황태를 만든다. 내장을 뺀 명태를 얼음물에 하룻밤 두었다가 두 마리씩 짚으로 엮어 덕장에 걸어서 영하 20도의 추위와 눈보라 속에서 얼렸다 녹였다 하면서 살이 부풀어 오르게 말린다. 3월 말쯤 되면 노란색을 띤 황태가 된다. 예전에는 함경도 원산의 황태가 유명했지만 지금은 횡계리에서 말린 명태를 가장 좋은 것으로 친다.

도토리

도토리는 구황식품으로 가장 많이 사용되어 왔다. 지금도 삶아서 경단을 만들기도 하고 묵이나 국수를 만들어 별식으로 먹기도 한다.

옥수수

초여름에 풋옥수수를 갈아 풀처럼 쑤어 구멍을 뚫은 바가지에 흘려 찬물에 받아 굳혀 올챙이묵을 만들기도 하고, 옥수수 껍질을 두세 겹 남긴 채 쪄서 잘 말렸다가 제철이 지났을 때 물에 불려서 다시 쪄 먹는 옥수수찜도 있다. 평창군의 옥수수엿도 유명하다.

송이

양양군은 우리나라에서 송이가 가장 많이 나는 곳으로 8월 하순부터 9월 하순에 걸쳐서 따는데 양양 송이는 향기와 맛이 뛰어난 것으로 알려져 있다.

토종 꿀과 석청

양양을 비롯해 강원도 산골에서는 아직도 귀한 토종 꿀을 많이 생산한다. 석청은 토종 꿀보다 더 귀한 자연 꿀로 인제군에서는 조선 시대에 이것을 진상품으로 바쳤다고 한다.

오징어

동해안에서 많이 잡히는 오징어는 날것으로 음식을 만들어 먹기도 하고 바닷바람을 쐬면서 여러 날 말려 마른오징어로 만들기도 한다. 오징어잡이는 명태잡이와 함께 강원도 어업의 큰 몫을 차지한다.

미역

삼척군 일대의 자연산 미역은 아주 부드럽고 맛이 좋아서 조선 시대에는 궁중에 진상하기도 하였다. 지금도 미역 명산지로 알려져 있으며 생산량도 많다.

메밀

메밀은 어디에서나 잘 자라고 병충해에 강하여 널리 재배한다. 춘천 막국수와 전병인 총떡을 만드는 데 쓰는데 그 음식이 워낙 유명하다 보니 양이 모자라 전라도와 경상도에서 사들여 오기도 한다.

잣과 황률

홍천군은 논농사가 변변치 않은 대신에 밭농사가 발달했으며 그와 함께 잣이 전국에서 가장 많이 생산된다. 화전민들은 화전을 일구어 잡곡을 심거나 고사리, 더덕, 고비, 도라지, 취 같은 산나물을 캐고 잣이나 야생 밤나무가 많아서 이것들을 황률로 만들어 팔고 있다.

산중 산물

강원도 산간 지방에서는 도라지, 칡뿌리, 더덕, 취 같은 산나물과 버섯, 약초 들을 채취하고 인제군에는 산삼을 캐는 심메마니도 있다.

감자

강원도는 감자바위라고 불릴 만큼 감자가 잘 자란다. 감자를 갈아서 감자적을 부치기도 하고 감자송편이나 감자수제비를 주식 대용으로 많이 먹으나 요즈음에는 별식이 되었다.

강릉의 초당두부

간수나 화학응고제 대신에 바닷물을 써서 엉기게 만든 두부로 부드럽고 구수한 맛이 일품이다.

대표적인 강원도 음식

강원도도 다른 지방과 마찬가지로 특산물을 이용해서 그 지방의 고유한 음식을 만든다. 그래서 감자나 오징어로 만든 음식이 많다.

감자부침

감자의 껍질을 까서 강판에 갈아 파와 부추, 고추를 섞은 다음 번철에 둥글게 부쳐서 뜨거울 때 양념장에 찍어 먹는다. 설악산이나 오대산의 등산로 입구에서 많이 판다.

총떡

메밀가루를 묽게 풀어서 번철에 기름을 두르고 둥글게 부친다. 여기에 배추김치와 돼지고기를 함께 무친 것이나 무생채를 맵게 간한 것을 소로 넣고 말아서 먹는다.

무송편

무생채에 고춧가루를 넣고 양념하여 송편의 소로 쓴 것이다. 속이 매워서 술안주로도 먹을 수 있다.

메밀막국수

춘천 지방의 명물로서 메밀가루를 반죽하여 만든 국수이다. 고춧가루, 파, 마늘, 참기름을 넣은 양념장을 무생채나 동치미 썬 것, 돼지고기 편육을 국수 위에 얹는다. 비벼먹기도 하고 동치미 국물이나 육수를 부어서 먹기도 한다.

오징어순대

오징어 다리 삶은 것과 두부, 숙주나 버섯 따위를 양념하여 생오징어의 몸통에 채워 넣고 찜통에 쪄낸 것이다.

오징어불고기

오징어를 갈라서 잔 칼집을 넣은 다음 양념 고추장에 재웠다가 굽는다. 동해안 주변과 횡계에서 많이 해먹는다.

감자송편

감자를 갈아서 강남콩을 소로 넣고 손가락 자국을 남기면서 큼직하게 빚는다. 다 찌고 난 다음에는 참기름을 바른다. 쫄깃쫄깃한 맛이 일품이다.

북어식해

북어는 뼈를 발라 작게 썰고 무는 납작납작하게 썰어서 절인다. 쌀이나 조로 밥을 되게 하여 엿기름 가루와 버무리고 절인 무와 북어, 고춧가루, 파, 마늘, 생강, 소금으로 양념하여 다시 버무려 둔다. 밥알이 충분히 삭은 다음 먹는다. 함경도 지방에서는 도루묵이나 가재미로 식해를 만든다.

부각

가죽나무의 연한 잎에 고추장과 통깨, 간장으로 간을 맞춘 찹쌀풀을 발라서 말린 것이다. 들깨송이도 여물지 않은 것을 따서 깨끗이 씻은 다음 찹쌀가루에 버무려 시루에 쪄서 말려 둔다. 부각은 필요할 때 꺼내 기름에 튀기면 훌륭한 찬과 술안주, 간식이 된다. 부각은 전라도 지방에서도 많이 먹는다.

삼숙이탕

삼숙이의 표준말은 삼세기로 동해안의 강릉과 주문진에서 많이 잡힌다. 껍질에 돌기가 덮여서 거칠고 배가 불거져 있으며 암갈색이다. 껍질을 벗겨서 얼큰하고 맵게 매운탕을 끓인다. 맛이 아구와 비슷하고 살이 쫄깃하면서 담백하고 기름지다.

생선회

동해안 바닷가에서는 날오징어인 한치회를 비롯하여 성게, 해삼, 멍게 같은 신선한 생선회가 일품이다. 북한강가의 향어와 송어회도 유명하다.

그 밖에 강원도 음식 가운데 주식으로는 강냉이밥, 감자밥, 차수수밥, 토장아욱죽, 팥국수, 감자수제비, 강냉이범벅, 감자범벅이 있고 찬종류는 북한강의 쏘가리매운탕, 석이볶음, 더덕생채, 더덕구이, 취나물, 취쌈, 메밀묵, 다시마튀각, 동태구이, 오징어무침, 미역쌈, 콩나물잡채가 있다. 강릉의 방풍죽과 어죽, 주문진의 정어리찜도 유명하다.

떡으로는 감자와 강냉이, 메밀로 만든 송편과 전병이 있다. 강릉의 산자와 평창의 옥수수엿도 많이 알려져 있다.

충청도

농업이 성한 충청도에서는 쌀, 보리, 고구마 같은 곡식과 무, 배추 같은 채소 그리고 목화와 모시가 많이 생산된다. 또 충남 해안 지방은 해산물이 풍부하며 충북 내륙에서는 좋은 산채와 버섯들이 난다.

삼국 시대 때에 백제에서는 쌀, 고구려에서는 조, 신라에서는 보리가 주곡이었을 것으로 추측할 만큼 이 지역은 오래 전부터 쌀이 많이 생산되고 그와 함께 보리밥도 즐겨 먹는다. 죽, 국수, 수제비, 범벅 같은 음식이 흔하며, 특히 늙은 호박으로는 호박죽이나 꿀단지 범벅을 만들어 먹기도 하고 떡에도 많이 쓴다. 굴이나 조갯살로 국물을 내어 날떡국이나 칼국수를 끓이며 겨울에는 청국장을 즐겨 먹는다.

충청도 음식은 사치스럽지 않고 양념도 많이 쓰지 않는다. 경상도 음식처럼 매운 맛도 없고 전라도 음식처럼 감칠 맛도 없으며 서울 음식처럼 눈으로 보는 재미도 없으나 담백하고 구수하며 소박하다.

특산물

충청도는 농업이 활발한 곳으로 농산물이 많이 생산되며 충남 해안 지방은 해산물이 풍부하다.

성환의 배와 참외

과수 재배가 활발한 천원군에서도 특히 성환 배는 물이 많고 시원하며 맛이 달기로 유명하다. 성환 참외는 껍질이 개구리처럼 초록색 바탕에 검은 무늬가 있어 개구리참외라고 부르기도 하는데 맛이 뛰어난 이 참외를 최근에는 거의 볼 수 없게 되었다.

천안의 호두

천원군 광덕산에서는 지금부터 천백 년 전부터 호두나무를 재배하였다. 이곳 호두는 껍질이 얇아 깨뜨리기 쉽고 알맹이가 크다.

제천 의림지의 붕어와 순채

제천에서 나는 붕어회는 병을 치료한다고 하며 약붕어라는 이름이 여기서 나왔다. 순채는 수련과에 속하나 지금은 없어졌다.

간월도 어리굴젓

굴은 바닷물과 민물이 뒤섞이는 곳에서 잘 자란다. 간월도는 바로 민물이 나와 서해와 만나는 곳으로 굴 양식에 적합하다. 바위에서 딴 굴을 바닷물에 씻어 소금으로 간을 맞춘 다음 이 주일쯤 삭혔다가 곱게 빻은 고춧가루와 버무려서 항아리에 넣어 보관한다. 어리굴젓의 90 퍼센트를 이곳에서 생산한다.

광천의 새우젓

홍성군 광천읍 마을 한가운데에 독바위 또는 독매라고 부르는 독처럼 생긴 토굴이 있는데 여기서 새우젓을 익히고 보관한다. 광천 새우젓은 이곳 사람들이 간을 잘 맞추기도 하지만 토굴에서 15도에서

17도까지의 온도를 늘 유지하기 때문에 젓갈 맛이 은근하고 깊어 이름이 나 있다.

대표적인 충청도 음식

충청도 음식은 꾸밈이 없고 소박하다. 그리고 농산물이 많이 생산되는 곳으로 음식에서도 이런 특징이 나타난다.

청국장

흰콩을 불려 메주를 쑤듯이 무르게 삶아서, 나무 상자나 소쿠리에 담아 보를 씌우고 담요를 덮어 따뜻한 곳에 2,3일 두면 끈끈한 진이 생긴다. 이 때 절구에 대강 찧어서 생강, 마늘, 소금, 고춧가루를 넣어 버무려 놓고 쓴다. 겨울철에 두부나 배추김치를 넣고 청국장찌개를 끓이면 구수한 냄새와 소박한 맛이 난다.

호박지찌개

늙은 호박을 속을 긁어내고 껍질을 벗겨 얇게 저민 다음 절인다. 무나 배추, 무청도 썰어서 절인 다음 보통 김치를 담그듯이 하여 익힌다. 익은 호박지에 쌀뜨물을 부어 찌개를 끓인다.

호박범벅

늙은 호박에 고구마, 강남콩 들을 넣어 푹 무르게 익힌 음식이다. 호박과 고구마의 단맛은 따뜻한 고장의 인정을 나타낸다.

녹두죽

녹두를 삶아 으깨어 체에 거른 것에 쌀을 넣고 쑨 죽이다. 녹두는 한방에서 신열을 내린다 하여 병인식으로 많이 이용하였다. 녹두는 팥보다 귀하므로 특별할 때 별식으로 먹는다.

청포묵

녹두를 물에 불려서 맷돌에 곱게 갈아 무명 주머니에 물을 넉넉히 부으면서 거른다. 그 물을 가라앉힌 뒤에 흰 앙금을 거두어 말리면 녹말이 된다. 묵은 녹말을 물에 풀어서 풀을 쑤듯이 하여 그릇에 부어 굳힌다. 굳은 묵을 썰어 양념장을 끼얹어 내거나 쇠고기, 야채 볶은 것과 한데 무쳐서 탕평채를 만들기도 한다.

열무짠지

충청도에서는 김치를 짠지라 하는데 겨울에는 배추짠지, 여름에는 열무짠지를 주로 담근다. 열무짠지는 열무를 절여서 풋고추와 다홍고추, 실파를 넣고 버무려 항아리에 담고, 소금으로 간을 한 밀가루 풀을 국물로 넉넉히 부어 익힌다. 두부를 만들 때에 생긴 순물을 국물로 붓기도 하는데 풋내도 없고 감칠 맛이 난다.

오이지

여름철 반찬으로 가장 경제적인 음식이다. 재래종 조선오이를 항아리에 차곡차곡 담고 위로 떠오르지 않도록 돌로 누른 다음 소금물을 진하게 하여 붓는다. 다 익으면 얇게 썰거나 막대 모양으로 썰어 찬물을 넣고 파채와 고춧가루를 띄워서 물김치처럼 먹기도 하고 썰어서 참기름, 깨소금, 설탕, 고춧가루, 고추장을 넣어 무치면 좋은 찬이 된다. 오이지를 말려서 고추장에 박아 장아찌를 만들기도 한다.

쇠머리떡

찹쌀과 멥쌀을 섞어 가루로 만들어 삶은 검정콩과 팥, 씨를 뺀 대추, 껍질을 벗긴 밤 그리고 말린 감고지나 곶감을 모두 한데 섞어서 시루에 무리떡처럼 찐다. 떡이 식어서 굳었을 때 썰면 모양이 쇠머리 편육과 같아서 쇠머리떡이라 부른다. 매우 소담스럽고 차진 떡이다.

팥죽

팥죽은 특히 동짓날에 많이 쑨다. 충청도뿐만이 아니라 다른 지방에서도 많이 먹는 음식으로 우리나라의 풍습에 붉은팥은 액을 면하게 해 준다 하여 이사할 때에 쑤어 이웃에게 돌린다. 붉은팥을 푹 무르게 삶아 어레미에 걸러서 웃물에 불린 쌀을 넣어 끓이다가 팥앙금과 함께 찹쌀가루를 익반죽하여 빚은 새알심을 넣고 끓인다.

굴냉국

서산의 굴이 많이 나는 지역에서 만드는 음식으로 굴을 씻어서 파, 마늘, 간장으로 무친 다음 동치미 국물을 붓고 식초, 고춧가루로 간을 하는 냉국이다. 찰밥과 같이 먹으면 소화에도 좋고 시원한 맛이 일품이다.

아욱국

아욱을 푸른 물이 나오도록 으깨면서 씻은 다음 마른 보리새우나 조개를 넣고 끓이다가 고추장과 된장을 풀어서 더 끓이면 구수하고 맛이 있는 국이 된다.

무엿

쌀을 불려 맷돌에 갈아 죽을 쑤다가 엿기름 물을 부어 삭히고 다시 끓인다. 여기에 무를 썰어 넣고 조린다. 주걱으로 떠 보아 뚝뚝 떨어질 정도가 되면 식힌다. 이것은 딱딱한 갱엿이 아니라 숟가락으로 떠서 먹는 엿이다.

수삼정과

인삼이 많이 나는 지방에서는 작은 것은 통째로, 큰 것은 얇게 저며서 끓는 물에 살짝 데친 다음 설탕과 물을 넣고 조려서 정과로 만든다.

호박꿀단지

시골에서는 호박을 늦가을까지 누렇게 익혀서 두는데 둥글넓적하게 생긴 것을 맷돌호박 또는 청둥호박이라고 한다. 호박의 꼭지 부분을 동그랗게 도려내어 그 속에 꿀을 한 홉쯤 넣고 다시 막아 큰 솥에 찐 다음 한김 나가면 막은 것을 빼고, 속에 고인 물을 따라 마신다.

이것은 특히 산모의 산후 부증을 빼주고 영양을 보충해 주므로 어느 집에서나 출산 전에 미리 호박을 준비한다. 찐 호박을 갈라서 수저로 떠서 먹거나 범벅을 만들기도 한다. 씨는 볶아서 까 먹는다.

그 밖에 충청도 음식 가운데 주식으로는 보리밥, 콩나물밥, 찰밥, 보리죽, 칼국수, 호박풀떼죽이 있고 쌀가루를 반죽하여 썰어 끓인 날떡국이 있다. 찬 종류도 청포묵국, 시래기국, 무지짐이, 호박고지적, 상어찜, 깻잎장아찌, 가죽나물, 참죽나물, 감자반, 게장, 소라젓, 고추젓, 굴비구이, 가지김치, 박김치 같은 것들이 있다. 백마강의 웅어회와 공주의 장국밥, 충주의 내장탕도 유명하다.

떡은 꽃산병, 약편, 곤떡이 있으며 음료는 찹쌀를 쪄서 가루로 만든 미시를 많이 마신다.

전라도

전라도는 풍부한 곡식과 해산물, 산채로 다른 지방보다 월등하게 음식에 정성을 들이며 음식이 매우 호사스럽다. 특히 조선 왕조 전주 이씨의 본관이 되는 전주를 비롯하여 전라도의 여러 곳에서 부유한 토반들이 대를 이어 좋은 음식을 전수하고 있으므로 어느 지방도 따를 수 없는 풍류와 맛의 고장이라 하겠다. 쌀과 보리가 풍족하여 쌀, 보리밥을 주로 먹고 해물과 깊은 산의 귀한 산물들을 고루 잘 써서 다양한 음식을 만들어 내고 있다.

특히 전주 지방의 콩나물은 맛있기로 이름나 있다. 전라도 지방의 상차림은 음식의 가짓수를 많게 하여 상 위에 가득 차린 음식으로 외지 사람을 놀라게 한다.

이곳에는 또 특이한 젓갈이 많다. 기후가 따뜻하여 음식의 간은 센 편이고 고춧가루도 많이 써서 매운 것이 특징이다.

특산물

전라도는 곡식의 생산이 풍부할 뿐만이 아니라 해산물과 산채도 많이 난다. 하늘로부터 물려받은 산천과 기후가 이 지역을 우리나라 제일의 곡창 지대로 만들었다.

완산 팔미

전주의 옛이름인 완산의 서남당골에서 8월에 나는 감, 기린봉의 열무, 오목대의 청포묵, 소양의 담배, 전주천의 민물고기인 모래무지, 한내의 게, 사정골의 콩나물, 서원 너머의 미나리를 팔미라고 한다. 이곳 사람들이 얼마나 맛을 즐겼는지 알 수 있게 하는 이 팔미는 안타깝게도 지금은 거의 찾아볼 수 없다.

순창 고추장

이곳 고추장이 유명해진 것은 조선의 태조 이성계가 무학대사를 찾아가던 길에 순창 근처의 한 농가에서 먹어 본 고추장 맛을 잊지 못해 궁중에 진상하도록 한 데에서 비롯되었다고 한다. 하지만 고추가 우리나라에 들어온 것이 임진왜란 이후이므로 좀 억지 이야기이다. 순창 고추장의 맛이 독특한 것은 콩과 고추의 품질이 좋기도 하거니와 물 맛이 좋고 기후도 알맞기 때문이다. 그러나 무엇보다도 중요한 것은 고추장을 담그는 시기이다. 7월에 멥쌀과 콩을 쪄서 절구에 찧는다. 이것을 주먹 두 개 크기만큼씩 둥글게 빚어 띄워서 추석 전에 쪼개어 가루로 만들어 두었다가 섣달 무렵 찹쌀밥을 해서 메주가루와 고춧가루를 버무려 만든다.

섬진강의 은어와 민물게

섬진강의 상류인 적성강은 물이 맑고 깨끗하다. 특히 이곳에서 잡히는 은어는 맛이 좋아 임금에게도 올렸다고 한다. 민물게는 첫서리가 내릴 때쯤에 많이 번식하는데 잡아서 매운탕을 끓이거나 장을 부어 두었다가 겨울철에 먹는다.

해남의 세발낙지와 참게

해남면은 김과 미역의 양식장이 넓다. 발이 가느다란 낙지 곧 세발낙지가 이곳의 명물이다. 세발낙지를 한 손으로는 머리를 쥐고 다른 한 손으로는 두세 번 다리를 훑어 머리부터 통째로 입 안에 넣어 산 낙지회를 즐긴다. 민물 참게는 게장을 담그면 별미이나 요즈음에는 디스토마 때문에 먹기를 꺼린다.

약산의 흑염소

약산은 완도의 동쪽에 있는 조약도이다. 조약도는 삼문산을 중심으로 하여 이루어져 있는데 이 산은 돌이 많이 깔린 험한 산으로 그 돌틈에서 갖가지 약초가 자란다. 그 가운데에 삼지구엽초가 섞여 있는데 약산의 흑염소가 유명한 것은 이것을 뜯어먹으며 자랐기 때문이다. 약산 주민들이 기르는 이 흑염소는 효험이 훨씬 더 좋아 다른 지방 것보다 값이 곱절이나 더 나간다.

보성의 차밭

신라 흥덕왕 때 김대겸이 당나라에서 오는 길에 차씨를 가지고 와 지리산에 심었다는 기록이 있다. 이것이 우리나라 차나무의 시초이다. 지금은 보성군에 우리나라에서 가장 넓은 차밭이 있다. 차나무는 날씨가 따뜻하고 강우량이 많아야 잘 자라는데 이곳은 안개가 많아서 차의 재배에 적합하다.

영광의 굴비

고려 인종 때 이자겸이 난을 일으켰다가 실패하자 법성포로 귀양을 왔는데 이 때 영광 굴비의 감칠맛을 인종에게 보이려고 석어라는 이름을 붙여 진상했다고 한다. 돌로 눌러 절였다고 하여 돌 석(石)자를 붙였다고도 하고, 비겁하게 굴하지 않는다는 뜻에서 굴비라는 이름을 붙였다고도 한다. 영광 굴비를 으뜸으로 치는 것은 알을 통통히 밴 오사리 (곡우사리) 때에 잡은 조기이기 때문이다. 소금에 하루쯤 절였다가 걸대에 걸어 말린 뒤 통보리 속에 묻어서 저장한다. 굴비가 흔할 때에는 고추장에 박아 굴비장아찌도 만들었으나 지금은 값이 워낙 비싸 서민의 밥상에는 올리기조차 어렵다.

고흥의 진석화젓

고흥 석화, 벌교 꼬막이라는 말이 있을 만큼 고흥에서는 굴이 많이 나는데 이 굴로 만드는 진석화젓이 유명하다. 굴을 씻어 소금을 뿌려 두면 삭으면서 물이 고이는데, 이 물을 따라내어 조린 뒤에 식혀서 다시 굴젓에 붓는다. 이런 과정을 여러 번 되풀이하면 회백색이던 굴이 검은 적갈색으로 변해 진석화젓이 된다.

보성강의 미꾸라지국

본디 천렵이 성한 보성강에서 늦여름에는 미꾸라지를 잡아 국을 끓인다. 미꾸라지에 소금을 뿌리고 호박잎으로 세게 주물러 해감을 없앤 다음 푹 삶아서 체에 밭여 걸러낸다. 여기에 된장을 풀고 호박잎, 배추잎, 풋고추를 얹고 초피인 천초가루를 뿌려 보리밥과 먹는다.

장아찌

부안 지방에서는 더덕, 도라지, 마늘, 배추꼬랑이, 생고추잎 따위로 장아찌를 만들고, 무주 지방에서는 된장에 박는 더덕장아찌나 오이장아찌, 무장아찌, 마늘장아찌를 만들어 먹는다. 익산에서는 굴비장아찌, 홍합장아찌도 만든다.

전주의 콩나물

전주를 비롯한 전라북도에는 콩나물 음식이 많다. 콩나물은 전주

비빔밥에 넣는 나물로도 쓰고 보통 국과 콩나물국밥에도 쓴다. 익산 지방에서는 콩나물김치도 담근다

석곡의 돼지불고기

곡성군은 은어회로도 유명하지만 석곡의 돼지불고기도 맛있기로 이름나 있다. 여기에서는 돼지가 지나치게 크기 전에 잡아 살과 비계가 알맞게 올라 있는 것을 양념을 맛있게 하여 숯불에 구워 먹는다.

명산의 장어

조선 시대부터 몽탄 숭어와 명산 장어는 맛이 좋기로 이름나 있다. 국으로도 끓여 먹지만 양념장을 여러 번 발라가면서 숯불에 구운 것이 먹음직스럽다.

진도의 구기자

불로장생제로 알려진 구기자는 진도산이 열매가 크고 씨가 작으며 약효가 뛰어나 가장 좋다고 한다. 진도 구기자는 진도개, 돌미역과 함께 진도의 보배 세 가지에 든다.

흑산도의 홍어

잘 삭힌 홍어와 막걸리 그리고 돼지삼겹살과 배추김치를 함께 먹는 것을 홍탁삼합이라고 하여 술꾼들이 으뜸으로 친다. 홍어를 썰어 무와 미나리를 넣고 회로 무치기도 하고 양념장을 끼얹어 찜을 하기도 한다.

나주의 아리랑배

모양은 울퉁불퉁한데 살이 연하고 달며 물이 많아 매우 맛이 좋다. 나주는 또한 은행나무로 만드는 간결한 모양의 각반인 사각반의 산

지로도 이름이 높은 곳이다.

젓갈

전라도는 전국에서 가장 여러 가지 젓을 담그는 지역이다. 추자도의 멸치젓, 낙월도의 백하젓, 함평의 병어젓, 고흥의 진석화젓, 여수의 전어밤젓(돔배젓), 영암의 모치젓, 강진의 골뚜기젓, 무안의 송어젓, 옥구의 새우알젓, 부안의 고개미젓, 뱅어젓, 토화젓(생이젓)이 유명하고 게장, 갈치속젓도 있다.

대표적인 전라도 음식

전라도는 농수산물이 풍부한 곳이므로 음식을 만드는 데에도 재료를 아끼지 않고 정성을 기울인다. 따라서 음식이 가짓수가 많고 사치스럽다.

전주 비빔밥

전라도 음식 가운데에서 가장 널리 전국에 퍼진 음식이다. 이곳에서 나는 풍부한 산물을 골고루 넣은 비빔밥은 농가의 아낙네들이 들에 밥을 이고 나갈 때에 밥과 찬을 두루 담아 가는 것이 힘들어서 생각해낸 것으로 여겨진다. 곧 큰 옹배기 같은 그릇에 밥을 넣고 그 위에 찬을 고루 담은 다음 고추장을 얹어 논이나 밭으로 가져가서 밭둑에 앉아 먹었던 것을 비빔밥의 시초로 보고 있다. 지금은 전주 비빔밥이 재료도 다양해지고 돌그릇에 데우는 따위로 고급화되어서 옛날과는 많이 달라졌다. 전주 비빔밥에는 철에 따라 여러 가지 나물을 얹고 청포묵과 육회도 넣는다. 밥을 지을 때 육수로 짓기도 하며, 콩나물맑은탕을 빼놓지 않고 곁들인다.

콩나물국밥

콩나물국을 뚝배기에 담고 밥을 넣어 끓이되 새우젓으로 간을 한 전주의 명물이다. 콩나물국밥은 아침 식사로도 좋을 뿐만 아니라 속이 확 풀어져 해장국으로 대신할 만하다.

전라도 김치

전라도 김치는 간이 맵고 짜며 감칠맛이 난다. 같은 남부 지방이라도 경상도 지방보다 사치스러운 감이 들고 해산물을 넉넉하게 넣는다. 특히 고춧가루를 쓰기보다 학독에 불린 고추를 걸쭉하게 갈아서 만들어 쓴다. 젓국을 넉넉히 넣어 김치양념을 하며 찹쌀풀을 해서 넣기도 한다. 젓국은 새우젓, 조기젓도 쓰지만 멸치젓을 가장 많이 쓴다. 통깨를 넣는 경우도 있다. 김치에는 고들빼기, 갓, 쪽파, 검들, 무청 같은 다양한 재료들을 쓰며 콩나물, 가지, 고추로도 김치를 담근다. 김장 때에 담그는 배추김치는 양념한 무채를 소로 넣기도 하지만 걸쭉한 젓국 양념에 비비듯이 해서 담그기도 한다.

두루치기

두루치기는 여러 가지의 재료가 들어가는 호화로운 음식이다. 콩나물은 머리를 따고 간, 처녑, 쇠고기는 채로 썬다. 또 무, 배추, 박고지, 버섯류를 고루 합하여 볶다가 국물을 붓고 끓인다. 여기에 밀가루를 풀어 약간 걸쭉하게 한 다음 잣, 은행, 실고추 따위를 고명으로 얹어 만든다.

광주의 애저

조선 시대 중엽에 시작된 애저 요리는 진안의 명물이었다. 돼지를 통째로 고기가 푹 무르도록 삶은 다음 한데 놓고 뜯어서 양념장을 찍어 먹는다. 또 어미돼지를 잡아 태 속에 있는 애저를 먹기도 한다.

머위나물

머위의 연한 줄기를 데쳐서 껍질을 벗긴 다음 들기름에 볶다가 들깨와 불린 쌀을 갈아 넣고 걸쭉하게 익힌다. 이것을 소금과 간장으로 간을 맞춘다. 보리새우를 넣기도 하고 다홍고추를 넣어 매운 맛을 내기도 한다. 머위의 씁쓸한 맛이 들깨의 향과 어울려서 일품이다.

꼬막회

꼬막 조개를 삶아 한쪽 빈 껍질은 떼어 내고 양념장을 끼얹어서 내는데, 하나씩 떼어 먹는 재미가 있다. 꼬막은 너무 삶으면 질기고 단맛이 다 빠지므로 볼록하게 익으면 바로 불에서 내린다. 벌교 꼬막이 유명하며 전라도 전역에서 모두 즐겨 먹는다.

나주 집장

노랗게 뜬 누룩을 빻아 고운 체로 친 다음 찐 찹쌀과 섞어서 하룻밤 삭힌다. 고춧가루, 소금, 간장으로 간을 하고 절인 고춧잎이나 오이, 무청, 가지와 함께 항아리에 담아 뚜껑을 덮고 두엄 속에 넣거나 아랫목에 묻어 사흘쯤 익혀서 먹는다.

유자정과

해남을 비롯한 남해안 지방에서는 유자가 많이 날 때 이것을 설탕이나 꿀에 재워 둔다. 한 달쯤 지나면 맑은 유자청이 고이는데 뜨거운 차로 해서 먹거나 찬물에 타서 마시기도 하며 껍질을 다시 꿀에 조려서 유자정과를 만들기도 한다.

광주백당

옛날부터 광주에서는 엿을 잘 만들어 먹었다. 흰엿에 깨나 호두를 섞어 만들기도 하였다. 장성의 수수엿과 쌀로 빚은 창평엿도 유명하다.

홍어어시욱

홍어의 껍질을 벗겨 꾸덕꾸덕하게 말린 다음 짚을 사이에 넣고 쪄서 양념장에 찍어 먹기도 하고 양념장을 듬뿍 발라서 찌기도 한다.

부각

가죽나무의 연한 잎을 모아 고추장으로 간을 한 찹쌀풀을 발라서 말린다. 메추리부각은 메추리의 날개와 발을 잘라내고 두세 마리씩 꼬치에 꿰어 풀을 발라 말린다. 절에서는 연한 동백잎이나 국화잎을 풀칠하여 말린다. 김은 두 겹이나 여러 겹으로 찹쌀풀을 발라 말리고 감자부각은 감자를 얇게 저며서 끓는 물에 살짝 데친 다음 볕에 바싹 말린다. 들깨송이는 덜 영글었을 때 풀을 묻혀 말리고, 들깻잎도 부각으로 쓴다. 다시마는 찹쌀을 찐 밥풀을 발라서 말리기도 한다. 이런 여러 가지 부각은 잘 간수했다가 필요할 때 튀겨서 찬이나 안주로 긴요하게 쓴다.

그 밖에 전라도 음식 가운데 주식류로는 피문어죽, 오누이죽, 대추죽, 마른 홍합을 넣은 합자죽, 대합죽 따위가 있고 찬으로는 죽순채, 죽순찜, 장어구이, 겨자잡채, 꼴뚜기, 무생채, 산채나물, 토란탕, 천어탕, 콩나물냉국, 감자반, 꽃게장, 김치느르미, 붕어조림 따위가 있다. 또 광주의 자라와 닭으로 만든 용봉탕, 전주천의 천어탕과 흑산도의 보릿순, 홍어 내장으로 끓인 보릿국도 별미이다. 전라도의 떡은 종류도 많고 생김새도 호사스럽다. 나복병, 수리치떡, 감인절미, 감단자, 섭전 같은 떡들이 유명하다.

경상도

경상도는 좋은 어장인 남해와 동해를 끼고 있어 해산물이 풍부하고 경상도를 흐르는 낙동강의 풍부한 수량으로 주위에 기름진 농토가 만들어져 농산물도 넉넉하다. 이곳에서 고기라고 하면 바닷고기를 가리킨다. 음식의 맛은 대체로 입안이 얼얼하도록 맵고 간은 세게 하는 편이다.

음식은 멋을 내거나 사치스럽지 않으며 싱싱한 바닷고기에 소금간을 싱겁게 해서 국을 끓이는 음식이 많다. 곡물 음식으로는 국수를 즐기는데 밀가루에 날콩가루를 섞어서 손으로 반죽한 다음 홍두깨나 밀대로 얇게 밀어서 만드는 칼국수를 으뜸으로 친다. 장국의 국물은 멸치나 조개를 많이 쓰고, 더운 여름에 뜨거운 국수를 즐긴다. 충청도 사람들이 많이 먹는 범벅이나 풀떼죽은 별로 즐기지 않는다.

특산물

경상도는 바다와 접하고 있어 해산물이 풍부하다.
또 여기를 지나는 낙동강이 기름진 농토를 만들어 주어 농산물의 생산도 다른 지역에 견주어 뒤지지 않는다.

남해 삼자

남해군에서는 유자와 치자 그리고 비자를 남해 삼자라 한다. 치자 열매는 물감으로도 쓰고 한방에서는 이뇨제로 쓴다. 유자는 향기가 좋아 옛날부터 귀한 과실로 여겨 왔으며 우리나라에서는 남해안과 제주도에서만 자란다. 이것은 꿀에 재워 차와 화채로 만들어 먹는다. 그리고 비자는 구충제로 쓰기도 하고 기름도 짜는데, 특히 비자나무는 바둑판을 만드는 재목으로 으뜸이다.

거제의 죽순대

죽순은 대의 순을 이르는데 식용으로 쓰는 것은 맹종죽이다. 이 대는 보통 참대와는 달리 굵기가 굵고 마디와 마디 사이가 짧으며 잎이 작다. 특히 하청면에는 죽순 가공 공장이 있어 우리나라에서 죽순이 가장 많이 난다.

거제 바다의 생선

거제 앞바다는 온화한 날씨에 작은 섬들이 많아 큰 파도를 막아 주고 한류와 난류가 뒤섞이는 곳이라 아주 좋은 어장을 이룬다. 이곳에서 나는 생선은 대구, 삼치, 도다리, 도미, 농어, 꽁치 들로서 다양하고 맛이 뛰어나다. 조선조에는 궁중에서 관리하는 정치망을 거제 앞바다에 설치하여 고기를 잡아 임금의 밥상에까지 올렸다고 한다.

동래의 기장미역

양산군 동래의 미역과 다시마는 조선조 때부터 유명하고 지금도 이곳에서는 미역과 김의 양식이 활발하게 이루어진다. 기장 앞바다는 기후, 수심, 수온이 미역이 자라는데 알맞아서 맛이 좋은 돌미역이 생산된다. 다른 곳의 미역보다 잎이 더 두껍고 넓으며 파릇하고 윤기가 있다. 국을 끓이면 맛이 구수하고 미역이 퍼지지 않는다. 예로부터 죽섬에서 나는 것이 가장 좋은 것으로 알려져 임금의 밥상에는 반드시 이 미역을 올렸다고 한다.

언양 미나리와 울산 배

언양면의 미나리는 태화강의 맑은 물에서 자라 정갈하고 향기가 높으며 맛이 뛰어났다. 그러나 지금은 맛이 예전만 못하다. 울산의 배는 만삼종으로 과육이 좁고 꿀처럼 달며 물이 많다. 울산시에 공업단지가 들어서면서 생산지가 울주군으로 옮겨가 이제는 울주 배가 되었다.

함안의 파수곶감

감나무는 병충해가 적고 발육이 왕성하여 아무 데서나 잘 자라지만 추위에 약하여 중부 이북에서는 보기가 드물다. 함안군은 곶감이 많이 나는 곳으로 파수곶감은 조선조 궁중의 진상품으로 쓰였다. 그것말고도 함안군에는 월촌 수박이 유명하다.

풍기의 인삼

풍기 인삼은 조선 중종 때인 1545년에 풍기 군수 주세붕이 산삼 종자를 구해 기후와 풍토가 인삼이 자라기에 알맞은 이곳에 심어 재배를 했다고 전해진다. 풍기 인삼은 자연 산삼의 약효에 뒤지지 않는다고 하여 인삼 가운데에서 가장 좋은 것으로 친다. 조선 시대 궁중에서도 풍기 인삼을 즐겨 썼다고 한다.

낙동강의 민물고기와 재첩

우리나라에 처음 양어장이 생긴 것은 1919년 밀양군 다죽리에서

였다. 이 때 처음 시도한 것이 잉어 양식이었다. 낙동강 어족의 왕자로는 잉어가 손꼽히지만 수출을 많이 하는 것은 뱀장어이다. 그런가 하면 품위있고 맛있는 것으로는 은어가 제일이다. 낙동강에 살고 있는 민물고기는 수십 종이 넘는다. 낙동강 하구인 하단에서 삼랑진에 이르는 강물에서는 재첩을 많이 잡는다. 부산의 명물인 재첩행상은 옛날에는 많이 있었으나 지금은 줄어들었다.

영양의 고추

8월 초순이면 영양의 산천은 온통 붉다고 한다. 8월 초순부터 수확되는 고추를 햇볕에 말리기 때문이다. 그만큼 이곳은 옛날부터 고추재배가 성했다. 이곳의 고추는 껍질이 두꺼워 가루가 많이 나고 매우면서도 단맛이 있어 높은 값을 받는다.

남해안의 고구마와 마늘

남해군에 있는 밭의 절반쯤은 고구마밭이고 나머지 밭의 삼분의 일쯤은 마늘밭이다. 고구마와 마늘 생산량은 이곳 일대가 경상남도 안에서 가장 많다.

영덕의 대게

영덕군의 해안에서 잡히는 큰 바닷게로 다리가 길고 대통처럼 생겨 대게라고 부른다. 몸체는 손바닥만하다. 껍질이 얇고, 살이 많으며 담백하다.

남해안의 멸치

통영군의 멸치 생산량은 전국 생산량의 80 퍼센트쯤 된다. 남해안에서는 멸치를 잡아 멸치젓이나 마른 멸치로 가공하여 전국에 보낸다.

남해안의 젓갈

마도를 포함한 삼천포에서는 전어밤젓이 유명하다. 전어밤젓은 전어의 배알 가운데에서 '밤'이라고 부르는 동글동글한 것으로 젓을 담근 것인데 잘 삭으면 고소하고 쌉쌀한 맛이 난다.

해삼의 알을 뽑아 절인 해삼창자젓은 일제 시대에 일본인들이 즐겨 먹었는데 지금 통영에서 만들고 있다. 대구 아가미젓과 알젓은 통영젓이 으뜸이다. 살림이 어렵던 시절에 어촌에서는 개펄에서 달랑게를 잡아다 간장을 붓고 게장을 담가 밑반찬으로 먹기도 하였고 바닷가의 톳이나 파래를 뜯어다 무친 반찬을 보리밥과 같이 먹기도 하였다.

대표적인 경상도 음식

경상도 음식은 아주 맵고 다른 지방과 견주어 간을 세게 하는 편이다. 해산물이 풍부하므로 음식을 만들 때에 해산물을 많이 쓴다.

진주 비빔밥

오색 나물과 고명을 화려하게 얹어 화반(花飯)이라고도 부른다.

진주 비빔밥은 계절에 따라 많이 나오는 채소를 써서 모두 숙채로 마련하는데 무칠 때에 뽀얀 국물이 나오도록 손으로 잘 주물러서 무쳐야 맛이 있다. 진주 비빔밥에는 두 가지 국을 곁들인다. 곧 보탕국이라고 하여 바지락 살만 곱게 다져 참기름에 볶아서 얹는 국이 있고 건더기가 많은 선지국이 있다. 비빔밥은 제사를 지내고 난 뒤에 자손들이 음복(飮福)을 할 때, 차린 제물들을 한데 모아 비벼서 나눈 데에서 비롯되었다고 한다. 또 지금은 없어졌지만 예전에는 진주 냉면이 유명하였는데 메밀로 만든 국수에 밤과 배를 채로 썰어 얹고 갓

지져낸 두부를 얹었다고 한다.

마산 미더덕찜과 아구찜

미더덕은 흔히 멍게로 불리는 우렁쉥이와 비슷한 맛이 나는데 찜이나 찌개를 해서 먹는다. 미더덕찜은 미더덕을 여러 가지 채소와 함께 끓여 찹쌀가루를 풀어 되직하게 한 매운 찜인데, 방앗잎을 넣으면 더 향기롭다.

한편 마산의 아구찜도 유명하여 지금은 서울을 비롯한 도회지에서 미더덕찜과 더불어 이름이 나 있다.

아구는 매우 흉하게 생긴 생선으로 입이 크고 살결이 매끄러우며 비늘이 없다. 이것은 본디 사료로 쓰던 것이었는데 그 맛을 즐기게 되어 지금은 귀한 음식이 되었다. 아구를 꾸덕꾸덕하게 말려서 토막을 낸 다음 콩나물과 미나리를 넣고 고춧가루를 많이 넣어 맵게 간을 한다. 찜으로 만들면 뼈가 연해져서 씹을 때에 감촉이 특별하다.

안동 식혜와 건진국수

안동은 유교 문화의 본터인 양반 고장이다. 전통 문화에 대한 자부심이 강하고 보수적이어서 이 지방의 음식에는 옛날의 전통이 그대로 남아 있는 듯하다. 안동 식혜는 보통 식혜와는 달리 찹쌀을 쪄서 엿기름 물에 삭힐 때에 고춧가루를 헝겊에 싸서 넣어 붉게 물들이고, 무를 채썰거나 납작하게 썰어 넣는다. 정월에 차게 해서 먹으면 좋다. 안동 건진국수는 밀가루에 콩가루를 섞어서 반죽한 다음 홍두깨로 얇게 밀어 가늘게 채썬다. 끓는 물에 삶아 건져서 따로 준비해 식힌 멸치장국에 말아서 쇠고기 볶은 것과 지단으로 웃기를 얹는다. 또 헛제사밥이라는 것이 있는데 이것은 향 냄새를 배게 하여 마치 제삿상 위에서 내려온 듯이 만든 가짜 제사 음식이다. 제사가 끝날 무렵인 자정 넘어 밥집에서 팔았는데 그래서 보통 밤 늦게까지 놀던 한량

들이 즐겼다.

골곰짠지

남쪽 지방에서는 김치를 짠지라고도 하는데 골곰짠지는 가을에 말린 무말랭이와 배추잎, 고추잎 따위를 엿기름으로 삭힌 찹쌀풀에 넣고 고춧가루와 양념으로 버무려서 한겨울부터 다음해 봄까지 먹는 김치 겸 장아찌이다.

동래의 파전

동래는 근처의 유명한 기장 파와 언양 미나리를 손쉽게 구할 수 있고 조개, 굴, 홍합, 새우 같은 싱싱한 해물들이 풍부하여 이것을 써서 푸짐한 파전을 부쳐 먹는다. 파전은 먼저 파를 철판에 수북이 놓고 위에 해물을 듬뿍 얹은 다음 재료들이 서로 엉겨 붙을 수 있을 만큼 쌀가루나 멥쌀가루를 묽게 풀어서 국자로 고루 뿌려 준다. 여러 가지 재료가 많이 들어가 두툼하므로 충분히 익혀서 뒤집어야 하며 거의 익을 무렵에 계란을 풀어 지진다.

콩가루 배추국

경상도에서는 토장국을 끓일 때에 말린 배추나 무청을 푹 삶아 콩가루를 듬뿍 묻혀서 넣는다. 콩가루가 구수하면서도 토속적인 맛을 내 준다.

추탕

경상도 지방의 추탕은 미꾸라지를 푹 고아 체에 걸러서 뼈를 가려낸 다음 배추시레기와 숙주, 고비 같은 채소를 넣어 된장과 고추장으로 간을 맞춘다. 천초가루를 넣으면 특유한 향과 매운맛이 추탕을 더 맛나게 한다.

대구탕

대구 지방의 매운 육개장을 대구탕 혹은 따로국밥이라고 한다. 쇠고기의 양지머리나 사태를 푹 고아서 여기에 토란대, 고사리, 배추를 넣고 맵고 진하게 맛을 낸다. 지금은 생선대구탕과 혼동하는 경우가 많다.

그 밖에 경상도 향토 음식 가운데 주식류에는 무밥, 통영 비빔밥이 있고 겨울에 배추김치로 국을 만들어 밥을 넣어 퍼질 때까지 끓여 먹는 갱식, 애호박과 바지락조개를 넣은 애호박죽, 조개국수가 있다. 찬으로는 삼계탕, 장어조림, 장어구이, 깨집국, 나물국, 상어구이, 통영돔찜, 풍장어국, 미나리찜, 미역홍합국, 우엉김치, 콩잎김치, 대구포 들이 있다. 떡으로는 모시잎송편, 만경떡, 칡떡 같은 것이 있으며 조과로는 진주유과가 유명하고 대추를 조청에 조린 대추징조와 우엉, 다시마 들로 만드는 정과가 있다.

제주도

제주도는 어촌, 농촌, 산촌으로 구분되어 생활 방식이 서로 다르다. 농촌에서는 농업이 중요한 생산 활동이고, 어촌에서는 해안에서 고기를 잡거나 잠수 어업을 주로 하며 산촌에서는 산을 개간하여 농사를 짓거나 버섯, 산나물을 채취해서 살아간다. 농산물인 쌀은 거의 생산하지 못하고 콩, 보리, 조, 메밀, 밭벼 같은 잡곡을 생산한다.

고구마는 조선 영조 때에 조엄이 대마도에서 가지고 와 제주도에서 시험 재배를 한 뒤로 이곳의 중요한 산물이 되었다. 제주도는 무엇보다도 감귤이 유명한데 이미 삼국 시대부터 재배하였고, 전복과 함께 임금께 올렸던 진상품으로 이곳의 특산물이다.

제주도 음식은 채소와 해초가 주된 재료이고, 바닷고기도 가끔 쓴다. 수육을 만들 때에는 주로 돼지고기와 닭을 쓴다. 제주도 사람의 부지런하고 꾸밈없는 소박한 성품은 음식에도 그대로 나타나서 음식을 많이 하거나 양념을 많이 넣거나 또는 여러 가지 재료를 섞어서 만드는 음식은 별로 없다. 각각의 재료가 가지고 있는 자연의 맛을 그대로 내려고 하는 것이 특징이다. 간은 대체로 짠 편인데 더운 지방이라 쉽게 상하기 때문인 듯하다. 제주도에서만 나는 자리돔, 옥돔이 있고 전복과 꿩이 흔하며 한라산에서는 표고버섯과 산채가 난다. 겨울에도 기후가 따뜻하므로 김장을 담글 필요가 없고 담가도 종류가 적으며 짧은 기간 동안 먹을 것만 담근다.

특산물

이곳의 특산물 가운데에서 가장 유명한 것은 감귤이다. 그리고 해안에서 잡는 해산물과 산촌에서 얻는 버섯, 산나물 들이 있다. 논농사는 거의 하지 않으므로 곡식의 생산은 적은 편이다.

감귤

감귤나무는 운향과에 속하는데 감귤류는 운향과의 밀감속, 탱자속, 금감속을 모두 가리킨다. 탱자는 시어서 먹지는 못하지만 향이 좋다. 가시나무는 울타리로 많이 쓰인다. 참새 알만한 금귤은 껍질째로 먹는다. 감귤나무가 언제부터 제주도에서 자랐는지는 정확하지 않으나 선사 시대부터 자생하였다는 설과 남방에 표류한 이곳 원주민들이 돌아올 때 가지고 왔다는 설이 있다. 전에는 제주시에 감귤나무가 많아 귤림추색(橘林秋色), 곧 귤 익는 가을에 황금빛 숲을 이룬 제주 성곽 주변의 절경으로 제주도의 경치 열 개 가운데의 하나로 꼽았다. 그러나 지금은 사라지고 그 자리에 집들이 들어앉았다. 감귤의 종류에는 감자, 유감, 유자, 당유자, 당감귤, 금귤, 석금귤, 동정귤, 청귤, 산귤, 홍귤을 비롯하여 삼십 종쯤의 재래종 감귤나무가 있으나 온주밀감이 들어온 뒤부터는 다른 종의 귤은 없어졌다.

전복

제주도에서는 고려 때부터 왕실에 전복, 바닷말, 거북껍데기 들을 특산물로 바쳤다. 조개류나 미역은 잠녀 곧 해녀들이 바닷속에 들어가 따온다. 조선 시대에는 진상하는 공물인 감귤과 전복의 제품 종류와 수량이 지나치게 많아 원성을 사기도 했다. 전복은 날것으로 회를 하거나 죽을 쑤기도 하고 말려서도 쓴다. 옥도미는 제주도 근해에서 잡히는 고기로 이곳 사람들은 '오토미'라고 부른다. 옥돔과에 딸린 바닷물고기인 옥도미는 입이 작고 머리가 네모지며 누런빛이 도는 붉은 빛깔을 띤다. 소금에 절여서 말렸다가 구워 먹으면 맛이 훌륭하다. 옥도미국을 끓일 때에는 무나 미역을 넣는다. 요즈음은 도회지에서도 옥도미 말린 것을 많이 먹으며 값도 비싸다.

표고

제주도에서는 초기라고도 하는데 한라산 중턱에서 많이 나고 재배도 한다. 죽을 끓이거나 전을 부쳐 먹으며 다른 재료들과 함께 여러 가지 음식을 만드는 데에 쓰인다.

꿩

제주도는 11월부터 다음 해 2월까지가 꿩 사냥철로 관광객이 붐빈다. 옛날부터 꿩이 많아 겨울철에는 잔칫상이나 제사에 꿩고기로 적을 하거나 만두를 만들어 먹었다.

상어

싱싱한 상어는 회로 먹기도 하지만 찌개처럼 지져 먹거나 또는 산적을 해서 먹기도 한다. 전라도나 충청도 지방에서도 상어산적을 만든다. 상어는 껍질이 질기므로 벗겨서 뼈를 발라내고 소금을 뿌려 꾸덕꾸덕하게 말렸다가 잔치 때에도 쓰고 제사 때에도 쓴다.

오미자

10월쯤 한라산 중턱에서 많이 딸 수 있는데 한방의 약재로도 쓰고 화채를 만들어 먹기도 한다. 말린 열매를 물에 우려 고운 분홍빛이 나면 설탕이나 꿀을 타 과일을 건더기로 하여 화채를 만드는데 단맛, 쓴맛, 신맛, 매운맛, 짠맛의 오미(五味)를 지녔다.

대표적인 제주도 음식

제주도는 해산물이 풍부한 곳이어서 그것을 사용하여 만든 음식이 많다. 음식을 만드는 방법도 간단하여 여러 가지 재료를 섞어 만드는 음식은 별로 없고 양념도 적게 쓴다.

전복죽

전복을 얇게 저며서 참기름을 두르고 볶다가 불린 쌀을 넣어 잠시 더 볶은 다음 물을 부어 죽이 어우러질 때까지 서서히 끓여 소금으로 간을 한다. 죽 가운데에서 가장 고급스러우며 보양식으로 많이 먹는다.

옥돔죽

옥도미를 솥에 담고 물을 넉넉히 부어 익힌 다음 뼈와 가시를 골라낸다. 그 국물에 불린 쌀을 넣고 끓이다가 옥도미살을 넣는다.

빙떡

메밀가루를 묽게 반죽하여 밀전병 부치듯이 둥글고 얇게 부친다. 소는 삶은 무채를 양념하여 가운데 길게 놓고 끝부터 만다. 강원도의 총떡과 비슷하다.

돼지고기 육개장

육지의 육개장과는 달리 돼지고기를 푹 삶아서 기름기를 걷어 내고 양념한다. 여기에 숙주나물, 고사리, 굵은 파를 넣고 맵게 끓이는데 메밀가루를 풀어 약간 걸쭉하게 한다.

고사리국

날고사리를 삶아 우리고 돼지고기에 물을 부어 무르도록 삶는다. 우린 고사리와 돼지고기를 다져서 파, 마늘, 후춧가루로 양념한다. 그리고 돼지고기를 삶은 물에 넣어 끓이다가 밀가루를 풀어 걸쭉하게 한 다음 간을 맞춘다. 고사리를 잘게 썬 다음 계란 푼 것에 섞어서 전을 부쳐 먹기도 한다.

자리물회

자리돔이라는 작고 까만 도미 종류의 생선으로 만든 물회이다. 비늘을 잘 긁고 손질하여 뼈째 잘게 썬다. 또 깻잎, 부추, 풋고추를 채 써는데 재피섶이라는 산초나뭇잎도 넣으면 향이 좋다. 자리돔을 간장으로 무치고, 물에 된장, 고추장, 석초를 넣어 간을 맞춘 다음 자리돔과 채소를 넣고 된장국물을 붓는다. 자리돔은 고소하고 비린 맛도 나지 않는다. 회를 하기도 하고 소금으로 간하여 굽기도 하며 간장에 조리거나 젓을 담그기도 한다.

톨냉국

바닷말이 풍부한 곳이어서 여름철에는 톨(톳)로 냉국을 만들고 무침도 한다. 톨을 깨끗이 씻어 된장과 마늘로 양념하고 풋고추와 파를 썰어 넣은 다음 물을 붓는다. 톨은 고혈압과 위병에 효험이 있다고 하여, 가루로 만들어 차로 마시기도 한다. 톨말고도 모자반이나 파래도 데쳐서 초고추장에 무쳐 먹는다.

그 밖에 제주도 음식 가운데 주식으로는 깅이죽, 닭죽, 돼지새끼

죽, 미역죽, 메밀국수, 메밀저배기, 메밀만두가 있다.

찬류로는 음력 정월에 나오는 배추꽃대를 절였다가 멸치젓을 넣어 담그는 동지김치와 전복이나 해물을 넣은 김치가 있다. 옥돔국에는 미역을 넣는다. 또 멈국이라 하여 잔치 전날 통돼지를 푹 무르도록 삶아 모자반을 썰어 넣고 밀가루를 풀어 걸쭉하게 끓이는 제주도만의 별미국이 있다. 젓갈은 전복 내장으로 만드는 게우젓과 자리돔으로 만든 자리젓이 있고, 멸치젓이 있는데 제주도 사람들은 이것을 '멜쳇'이라고 부른다. 담 밑에 나는 양하로 나물도 하고, 연한 콩잎은 보리밥을 싸서 마늘, 풋고추와 곁들여 먹는다. 생미역과 다시마도 데쳐서 쌈을 싸서 먹는데 멸치젓이나 자리젓을 넣어 싸면 여름철 음식으로 별미이다.

황해도

황해도는 북부 지방의 곡창 지대로 연백 평야와 재령 평야에서의 쌀 생산이 풍부하고 잡곡의 생산도 많다. 특히 남부 지방 사람들이 보리밥을 즐기듯이 조밥을 많이 해먹는다. 곡식의 질이 좋아 가축들의 사료도 맛있어서 고기의 맛도 유별하다고 한다.

밀국수나 만두에는 닭고기가 많이 쓰인다. 해안 지방은 조석 간만의 차가 크고 수심이 낮으며 간석지가 발달해서 소금의 생산이 많다. 황해도는 인심이 좋고 생활이 윤택하여 음식도 양이 풍부하고 요리에 기교를 부리지 않아 구수하면서도 소박하다. 만두도 큼직하게 빚고 밀국수를 즐겨 먹는다. 간은 짜지도 싱겁지도 않아 마찬가지로 서해를 끼고 있는 충청도 음식과 비슷하다.

김치에는 독특한 맛을 내는 고수와 분디라는 향신 채소를 쓴다. 미나리과에 속하는 고수는 강한 향이 나는 풀로 중국에서는 향초라고 한다. 서울이나 다른 지방 사람에게는 잘 알려져 있지 않지만 배추김치에는 고수가 좋고 호박김치에는 분디가 제일이다. 호박김치는 충청도처럼 늙은 호박으로 담가 그대로 먹는 것이 아니라 끓여서 익혀 먹는다. 김치는 맑고 시원한 국물을 넉넉히 하여 만드는데 특히 동치미 국물에 냉면국수나 찬밥을 말아 밤참으로 먹는다.

특산물

북쪽 지방의 곡창 지대인 황해도는 쌀 생산이 두드러지고 해안 지방에는 간석지가 발달하여 소금도 생산한다. 여러 가지 산물들이 고루 생산되는 윤택한 곳이다.

신천의 쌀

재령강 주변의 재령 평야는 그 면적이 호남 평야 다음으로 넓으며 이곳에서 나는 쌀은 품질이 우수하여 조선 시대에는 평택미와 함께 왕실에 바쳤다.

연평도의 조기

연평도 근해는 위도 다음 가는 한국의 조기 어장이다. 조기말고도 가오리, 갈치, 민어가 많이 잡힌다.

광량만의 소금

조석 간만의 차가 심한 개펄이 넓게 펼쳐져 있으며 강우량이 적어 천일염의 생산이 많다.

황주의 사과

황해도에서 나는 과일로는 사과, 배, 복숭아, 감, 포도, 밤을 꼽을 수 있다. 이 가운데에서도 사과는 황주군이, 밤은 수안군이 명산지이다.

축산업

소와 돼지는 황해도 전역에 걸쳐서 많이 사육되며 특히 체구가 큰 우량 소의 산출로 유명하다.

연안의 조개 양식

연안의 간석지는 조개류의 양식으로 유명하다. 바지락, 백합이 많이 난다.

금천 인삼

개풍군에 이어 인삼 재배가 가장 많은 지역이다.

소청도, 대청도의 고래 어장

소청도, 대청도 근해는 고래의 어장으로 유명하다.

근해 수산업

서해는 근해 어업으로 조기, 양미리, 새우, 뱅어 같은 해산물이 많이 잡힌다.

대표적인 황해도 음식

황해도에서는 음식에 특별한 기교를 부리지 않는다. 이곳의 음식은 비교적 구수하고 소박하다. 다른 지방과 다르게 김치를 담글 때 고수와 분디라는 향신 채소를 쓰는 것이 좀 독특하다.

청포묵

녹두를 맷돌에 타개어 물에 불려 거피한 다음 곱게 갈아 자루에 담아 걸러낸다. 녹말가루가 가라앉으면 흰 앙금이 생기는데 이 앙금이 녹두녹말로 녹말 가운데에서 품질이 가장 좋다. 오래 두고 쓸 때에는 완전히 말려 둔다.

묵을 쑬 때에는 가루를 물에 풀어서 풀을 쑤듯이 익혀 그릇에 부어 굳힌다. 청포묵은 황해도뿐만이 아니라 충청도, 경기도 같은 다른 지방에서도 즐겨 만든다.

되비지탕

콩을 불려 맷돌에 간 다음 돼지고기나 돼지뼈를 같이 넣고 볶아서 끓이는 찌개이다. 새우젓으로 간을 맞추는데 흰깨를 함께 넣어 갈기도 하고 배추김치나 배추우거지를 넣고 끓인다. 젓국 대신에 양념간장으로 간을 맞추기도 하는데 구수하고 푸짐한 맛으로 평안도, 함경도 같은 이북 지방에서는 모두 즐기는 음식이다.

행적

배추김치와 돼지고기, 고사리, 실파를 대꼬치에 꿰어 밀가루와 계란 푼 것을 입혀 만든 지짐 누름적이다.

밥반찬이나 술안주로 좋으며 함경도 지방에서도 즐겨 먹는다.

남매죽

팥을 무르게 삶아서 어레미로 걸러 끓이다가 찹쌀가루를 물에 풀어 넣고 멍울이 지지 않도록 묽게 끓인다.

밀가루를 말랑하게 반죽하여 얇게 밀어서 썰어 칼국수를 만들어 끓는 팥죽에 넣고 소금으로 간을 맞춘다.

냉콩국

콩을 불려서 삶아 껍질을 벗기고 맷돌에 곱게 간 다음 겹체에 받쳐 콩물을 만든다. 여기에 소금으로 간을 맞춰 차게 식힌다. 다른 지방에서는 대개 가는 밀국수를 삶아서 건더기로 넣지만 황해도에서는 차수수가루를 익반죽하여 둥글납작하게 경단을 빚어서 끓는 물에 삶아낸 것을 건더기로 쓴다. 여름철 음식으로 시원하고 맛이 고소하며 영양가도 높다.

돼지족조림

돼지족을 깨끗이 다듬어 살이 무르게 푹 삶아서 갱엿과 물을 넣고 끓이다가 생강을 넣어 뭉근한 불에서 윤기나게 서서히 조린다.

이 음식은 검은 색의 갱엿을 써서 돼지고기의 냄새를 덜어 주고 단맛을 더해 맛이 좋다. 조린 뒤에 살만 썰어 그릇에 담고 새우젓국이나 초장을 곁들인다.

김치밥

겨울철에 배추김치와 돼지고기를 잘게 썰어 양념하여 볶다가 물을 붓고 끓인다. 끓어오르면 씻은 쌀을 넣어 밥을 짓는다. 뜸을 잘 들인 뒤에 고루 섞어서 밥그릇에 담고 양념장을 함께 내어 비벼 먹도록 한다. 북쪽 지방에서는 김치밥은 물론 비지밥, 콩나물밥도 즐겨 먹는다.

김치말이

추운 겨울 밤에 즐기는 야식으로 이가 시리도록 시원한 동치미 국물에 닭을 삶아 식힌 육수를 합하여 국물을 준비한다. 대접에 찬밥을 담아 위에 김치와 볶은 고기를 얹고 국물을 부어서 참기름과 깨소금을 넣어 먹는다.

고수김치

고수를 하룻밤 물에 담가서 독한 맛을 뺀 다음 바지락이나 조개젓, 황새기젓으로 버무려서 김치를 담근다.

고수가 맛이 진하면 배추와 섞어서 담그기도 한다.

그 밖에 황해도의 향토 음식 가운데 주식류로 씻긴국수, 수수죽,

밀범벅, 밀다갈범벅, 밀낭화(칼국수)가 있고 찬으로는 순두부찌개, 김칫국, 조기매운탕, 잡곡전, 대합전, 묵장떼묵(상수리묵), 김치순두부,연안식혜, 순대, 된장떡, 고기전이 있다.

떡으로는 흰깨와 녹두고물로 하는 시루떡과 오쟁이떡이 있으며 크고 먹음직스럽게 손가락으로 눌러 빚는 송편이 있다.

평안도

평안도의 동쪽은 산이 높아 험하나 서쪽은 서해안과 닿아 있어 해산물이 풍부하고, 평야가 넓어 곡식도 풍부하다. 옛날부터 중국과 교류가 많은 지역으로 평안도 사람의 성품은 진취적이고 대륙적이다. 따라서 음식도 큼직하고 먹음직스럽고 푸짐하게 한다. 음식의 크기가 작고 기교가 많이 들어가는 서울 음식과는 대조적이다. 곡물 음식 가운데 메밀로 만든 냉면과 만두국같이 가루로 만든 음식이 많다. 추운 지방이어서 기름진 육류 음식을 즐겨 먹으며 밭에서 나는 콩과 녹두로 해먹는 음식이 많다. 음식의 간은 대체로 싱거운 편이다. 모양보다는 소담스럽게 많이 담는 것을 즐긴다. 평안도 지방에서는 평양의 음식이 가장 널리 알려져 있는데 그 가운데에서도 특히 평양 냉면, 쟁반, 순대, 온반이 유명하다.

특산물

평안도는 동쪽으로는 높은 산이 있고 서쪽은 바다와 접해 있어 약초와 어류가 많이 나고 농산물 생산도 활발하다. 염전이 발달하여 한

때 소금의 생산량이 전국 1위를 차지하기도 하였다.

평양 약밤

함종이 중심지로 성천, 강동, 양덕에서 재배해서 평양 약밤으로 파는데 품질이 좋다. 순천에서도 밤이 많이 난다.

광량만의 소금

대동강 하구, 귀성, 덕동 같은 지역에서는 천일 제염이 활발하여 그 생산량이 전국 1위를 차지하기도 하였다.

평양의 소

평안도는 농가의 부업으로 목축과 양잠업이 성하다. 그 가운데에서도 특히 평양 소가 우량종으로 유명하다.

남포의 사과와 용강의 수박

평안도는 전역에서 사과가 많이 나는데 특히 남포와 정주, 선천의 사과가 유명하다. 남포항에 모여 외지로 나간다.

용강의 수박은 맛이 있고 품질이 좋기로 이름나 있다.

영원의 약초

평안도는 북쪽과 동쪽이 산이 높은 내륙 지역으로 약초가 많이 난다. 인삼, 꿀, 잣, 오미자, 머루, 다래가 이곳의 특산물이다. 맹산에서는 한약재로 쓰이는 인삼, 사향, 복령, 자초 따위가 난다.

신미도의 조기

신미도는 황해도의 연평도, 전라도의 위도와 더불어 우리나라의 3대 조기 어장으로 꼽힐 만큼 조기가 많이 잡힌다.

대동강의 천어

평안도 사람들은 여름철에 대동강에 천렵을 가서 물고기를 잡아 쌀을 넣고 어죽을 쑤거나, 닭을 가지고 가서 닭죽을 쑤어 먹었다고 한다. 잉어와 닭을 한데 끓인 용봉탕이 여기에서 나온 듯하다.

그 밖에 평안도 전역에서는 품질 좋은 메밀, 팥, 콩 같은 잡곡이 많이 나고 해산물로는 서해안에서 멸치, 갈치, 넙치, 가자미, 민어와 조개류가 많이 잡힌다.

대표적인 평안도 음식

평안도의 음식 가운데 전국적으로 알려진 유명한 음식이 냉면이다. 또 추운 지방이어서 기름진 육류 음식도 즐겨 먹는다. 음식의 간은 싱거운 편이며 음식을 푸짐하게 담아 내놓는 것이 특징이다.

평양 냉면

고원에서 재배하는 메밀의 질이 좋고, 감자도 질이 우수하여 이 두 가지 재료로 좋은 국수를 만든다. 원래 국수를 만드는 법은 중국에서 전해졌다고 하나, 냉면은 한국의 고유한 음식으로 평양에서 발생한 것으로 알려져 있다. 냉면 국물은 꿩을 삶은 육수가 으뜸이나 보통 사골이나 쇠고기로 끓인 육수와 동치미국물을 합하여 만든다. 국수 위에는 편육과 동치미 무 썬 것, 오이 생채와 배 채썬 것, 삶은 계란을 얹는다. 먹기 전에 겨자와 식초를 넣어 맛을 더 내기도 한다.

어복 쟁반

커다란 쟁반에 국수와 쇠고기 편육, 삶은 계란을 나란히 담고 더운 육수를 부어 끓이면서 여러 사람이 한데 어울려 먹는 일종의 온면이다. 편육거리는 양지머리, 우설, 업진, 유통살, 지라 따위를 도가니와 함께 삶아서 편육으로 썰고 여기에 느타리버섯과 표고버섯, 배를 채로 썰어 쟁반에 돌려 담는다. 국수는 냉면국수를 삶아 사리를 군데군데 놓고 더운 육수를 부어 끓이면서 먹는다.

온반

일종의 장국밥으로 양지머리나 사태를 편육으로 썬다. 장국에 간을 한 다음 녹두로 녹말을 만들어 지단처럼 얇게 익혀서 채썰고, 계란지단도 채로 썬다. 놋주발에 더운 밥을 담고 위에 편육 무친 것과 지단, 실고추를 얹고 육수를 붓는다. 두부를 꼭 짜서 양념한 다음 보슬보슬하게 볶아 밥에 얹기도 한다.

녹두지짐

녹두를 맷돌에 부순 다음 물에 불려 껍질을 벗기고 깨끗이 씻어 맷돌에 간다. 돼지고기는 양념하고 도라지, 고사리, 숙주 같은 나물은 삶아 둔다. 배추김치를 물기를 짜서 잘게 썰어 녹두 간 것에 섞어서 지진다. 녹두 지짐은 잔치나 생일 때에 빠지지 않고 꼭 만드는 음식이다.

내포중탕

내포란 돼지의 내장으로 허파, 간, 대창을 깨끗이 씻어서 푹 무르게 삶은 다음 김치와 숙주, 파를 넣어 다시 끓인 푸짐하고 구수한 맛이 나는 찌개이다. 웃기로 삶은 계란과 은행을 얹는다.

굴만두

평안도 사람들은 정월에도 떡국보다는 만두국을 더 많이 끓인다.

배추김치와 돼지고기, 숙주, 두부 따위를 소로 준비하고 껍질은 밀가루로 반죽하여 둥글고 얇게 민다. 여기에 소를 넣고 빚어서 더운 장국에 끓인다. 이 방법말고도 소를 지름 3 센티미터쯤으로 둥글게 빚어 밀가루에 굴렸다가 물에 담그고 다시 건져 밀가루에 굴려서 옷을 입힌 다음 이것을 더운 장국에 넣어 만두국을 끓인다.

노티(놋치)

찰기장과 차수수, 찹쌀을 각각 물에 불려 가루로 하여 엿기름가루 삼분의 일쯤을 섞어 물을 주어 버물버물하게 하여 쪄낸 다음 남은 엿기름가루를 뿌리면서 고루 반죽해 더운 방에서 삭힌다. 번철에 참기름을 두르고 삭힌 떡을 동글납작하고 노릇노릇하게 지져서 식힌 다음 항아리에 꿀이나 설탕을 뿌리면서 차곡차곡 재워 두고 먹는다. 추석에 많이 하여 다음 해 봄까지도 두고 먹는다.

되비지

콩을 불려서 맷돌에 갈아 콩비지를 만든다. 돼지갈비를 토막내어 남비에 볶다가 콩비지를 넣어 약한 불에서 서서히 끓이며 여기에 배추김치나 배추 절인 것도 함께 넣는다. 이것은 콩을 되게 갈아서 두유를 빼지 않았다고 하여 되비지라고 한다. 신김치나 김칫국을 넣어야 비지가 잘 엉기고 맛이 더 좋다.

순대

돼지의 창자에 돼지고기와 선지, 두부, 찹쌀밥을 섞어 파, 마늘, 생강, 후춧가루, 소금으로 양념한 것을 소로 채워 넣고 양끝을 실로 묶는다. 끓는 물에 넣어 속이 충분히 익도록 삶는데 도중에 터지지 않도록 대꼬치로 찔러가면서 삶는다. 다 쪄지면 썰어서 양념소금을 찍어 먹는다. 삶은 우거지나 숙주나물을 넣기도 한다.

그 밖에 평안도 음식 가운데 주식으로는 닭죽, 어죽, 생치(꿩)냉면, 옥수수로 만든 강량국수, 콩국수, 온면, 김치밥, 비지밥이 있으며 찬종류로는 오이토장국, 무청곰이라고 하여 무청과 쇠고기로 만든 장조림이 있고, 풋고추조림, 돼지고기 편육, 구이, 전, 산적 같은 여러 가지 음식이 있다. 도라지, 산적, 도라지적, 더덕전, 전어된장국, 두부회, 순대도 있다.

떡으로는 송기를 넣은 절편과 개피떡, 조개송편, 꼬장떡, 골미떡, 니노래미, 찰부꾸미, 무지개떡, 뽕떡 따위가 있다.

함경도

함경도는 우리나라의 최고봉인 백두산과 함께 개마고원이 있는 험악한 산간 지대이다. 영흥만 부근에 평야가 조금 있을 따름이어서 논농사는 적고 밭농사를 많이 한다. 특히 함경도는 콩의 품질이 뛰어나고 잡곡의 생산량이 많다. 함경도와 닿아 있는 동해안은 리만 한류와 동해 난류가 교류하는 세계 3대 어장의 하나로 명태, 청어, 대구, 연어, 정어리, 삼치 같은 여러 가지 생선들이 두루 잘 잡힌다. 잡곡의 생산이 풍부하여 주식은 기장밥, 조밥 같은 잡곡밥이 많으며 쌀, 조, 기장, 수수가 매우 차지고 구수하다. 감자, 고구마도 질이 우수하여 녹말을 만들어 냉면과 국수를 만들어 먹는다.

음식의 생김새는 큼직하고 시원스러우며 장식이나 기교, 사치를 부리지 않는다. 간은 짜지 않으나 고추와 마늘 같은 양념을 강하게 써서 강한 맛을 즐기기도 한다. 유명한 함경도 회냉면은 홍어, 가자미 같은 생선을 맵게 한 회를 냉면국수에 비벼서 먹는 독특한 음식이다. 다대기라는 말도 이 고장에서 나온 고춧가루 양념의 별칭이다.

함경도에서 가장 추운 지방은 영하 40도까지 내려가기도 한다. 그래서 김장을 11월 초순부터 담그며 젓갈은 새우젓이나 멸치젓을 약간 쓰고 소금 간을 주로 한다. 그리고 동태나 가자미, 대구를 썰어

깍두기나 배추김치 포기 사이에 넣는다. 김치 국물은 넉넉히 붓는다.

동치미도 담가 땅에 묻어 놓고 살얼음이 생길 때쯤 혀가 시리도록 시원한 맛을 즐긴다. 이 동치미 국물로는 냉면을 말기도 한다. 콩이 좋은 지방이라 콩나물을 데쳐서 물김치도 담근다.

특산물

이곳은 지형적으로 험악한 산간 지대여서 논농사는 거의 하지 않고 밭농사를 주로 하며 대륙과 접해 있는 동해안은 한류와 난류가 교차하는 좋은 어장으로 어종이 다양하다.

명태

조선 시대 함경도 명천 지방에 살던 어부 태씨가 어느날 이름도 알 수 없는 고기를 많이 잡았는데, 처음 보는 것이라 고을 원님에게 가서 이름을 지어 달라고 부탁했다. 그래서 그 고을 원님이 고을 이름의 첫 글자와 어부의 성을 합해 명태라고 이름지었다고 한다. 명태는 신포 앞바다에 있는 마양도를 중심으로 많이 잡혀서 1943년에는 이곳이 전국 명태 어획고의 85 퍼센트까지 차지하였다.

연어

용홍강과 덕지강에서는 연어가 많이 잡힌다.

잡곡

함경도에서는 밭농사가 활발하여 보리, 콩, 귀리, 감자, 옥수수 같은 곡식들이 많이 난다. 그 가운데에서 콩, 조, 귀리는 그 생산량이 전국에서 1,2위를 다툴 만큼 생산량이 많았다.

사과와 배

함흥과 안변에서는 질이 좋고 맛있는 사과를 생산하고 있고 배는 함흥, 원산, 덕원이 유명하다.

목축

개마고원의 자연 초지를 이용하여 면양, 소, 돼지의 목축이 성하다.

젓갈

명태가 많은 고장이라 명태의 알을 모아 소금에 2,3 일 절였다가 고춧가루, 생강, 마늘로 양념하여 차곡차곡 담아 익힌다. 명태의 내장은 모아서 절여 창란젓을 담근다. 무를 절여 한데 버무리기도 한다.

대표적인 함경도 음식

대부분의 북쪽 지방 음식이 그렇듯이 함경도 음식도 소박하며 시원스럽다. 간을 짜게 하지는 않으나 고추와 마늘을 많이 넣어 양념을 강하게 하는 편이다.

가릿국

사골과 쇠고기의 양지머리(석기살)를 푹 고아 육수를 만들고 선지는 따로 끓는 물에 삶아내어 찬물에 헹군다. 쇠고기 우둔을 가늘게 채썰어 육회로 양념한다. 대접에 밥을 담고 삶은 고기 자른 것, 선지를 납작하게 썬 것, 육회를 얹는다. 끓는 육수에 두부를 한 모씩 넣어 다 익어서 떠오른 것을 건져 고기 위에 얹어 낸다. 먹을 때에는 육수국물을 마신 다음 매운 다대기를 넣어 밥과 건더기와 비벼먹고 나서 다시 그 대접에 육수를 말아 마신다.

지금은 회냉면이 더 유명하지만 본고장 사람들은 전에 함흥에는 가릿국으로도 부르는 가릿국집이 많았고 나중에 차츰 냉면집이 생겼다고 한다.

회냉면

함경도의 산간과 고원 지방에서 나는 감자녹말을 반죽한 국수로 냉면을 만든다. 물냉면도 하지만 함흥에서는 손바닥만한 크기의 가자미 날것을 매운 양념 고추장으로 무쳐서 국수에 얹어 먹었다고 한다. 지금은 구하기 쉬운 홍어를 초에 재웠다가 맵게 무쳐서 얹는다.

가자미식해

싱싱한 참가자미에 소금을 뿌려 절인다. 무는 굵게 채썰어 절이고 좁쌀로 밥을 지어 식힌 다음 위의 재료를 섞어 고춧가루, 파, 마늘, 생강 같은 양념과 엿기름을 체에 쳐 거기에서 나온 흰가루만을 한데 버무린다. 김치를 담그듯 항아리에 꼭꼭 눌러 담아 3,4일 삭히는데 점차 익으면서 물이 생기고 새큼한 맛이 난다. 식해란 음료가 아니라 생선과 곡류로 만든 일종의 젓갈이다. 가자미뿐만이 아니라 도루묵이나 마른 명태로도 한다. 이것은 맵지만 생선이 익어서 내는 독특한 맛이 별미이다. 생선을 삭힌 다음 무 절인 것을 나중에 넣기도 한다.

동태순대

함경도는 동태가 가장 많이 잡히는 곳으로 다른 지방같이 돼지 창자에 소를 채워서 만드는 순대도 있지만 특히 동태로 만든 순대가 유명하다. 동태를 절인 뒤에 입쪽에서 내장을 빼내어 깨끗이 씻어 물기를 거른다. 동태 내장과 두부, 삶은 숙주와 배추 따위를 한데 섞어 다진 파, 마늘, 된장, 소금, 후춧가루로 간을 잘 맞춘다. 이렇게 만든 소를 입쪽에서부터 동태의 뱃속까지 꼭꼭 채워 넣고 입을 아무린

빛깔있는 책들

민속(분류번호: 101)

1 짚문화	2 유기	3 소반	4 민속놀이(개정판)	5 전통 매듭
6 전통 자수	7 복식	8 팔도 굿	9 제주 성읍 마을	10 조상 제례
11 한국의 배	12 한국의 춤	13 전통 부채	14 우리 옛 악기	15 솟대
16 전통 상례	17 농기구	18 옛다리	19 장승과 벅수	106 옹기
111 풀문화	112 한국의 무속	120 탈춤	121 동신당	129 안동 하회 마을
140 풍수지리	149 탈	158 서낭당	159 전통 목가구	165 전통 문양
169 옛 안경과 안경집	187 종이 공예 문화	195 한국의 부엌	201 전통 옷감	209 한국의 화폐
210 한국의 풍어제				

고미술(분류번호: 102)

20 한옥의 조형	21 꽃담	22 문방사우	23 고인쇄	24 수원 화성
25 한국의 정자	26 벼루	27 조선 기와	28 안압지	29 한국의 옛 조경
30 전각	31 분청사기	32 창덕궁	33 장석과 자물쇠	34 종묘와 사직
35 비원	36 옛책	37 고분	38 서양 고지도와 한국	39 단청
102 창경궁	103 한국의 누	104 조선 백자	107 한국의 궁궐	108 덕수궁
109 한국의 성곽	113 한국의 서원	116 토우	122 옛기와	125 고분 유물
136 석등	147 민화	152 북한산성	164 풍속화(하나)	167 궁중 유물(하나)
168 궁중 유물(둘)	176 전통 과학 건축	177 풍속화(둘)	198 옛 궁궐 그림	200 고려 청자
216 산신도	219 경복궁	222 서원 건축	225 한국의 암각화	226 우리 옛 도자기
227 옛 전돌	229 우리 옛 질그릇	232 소쇄원	235 한국의 향교	239 청동기 문화
243 한국의 황제	245 한국의 읍성	248 전통 장신구	250 전통 남자 장신구	

불교 문화(분류번호: 103)

40 불상	41 사원 건축	42 범종	43 석불	44 옛절터
45 경주 남산(하나)	46 경주 남산(둘)	47 석탑	48 사리구	49 요사채
50 불화	51 괘불	52 신장상	53 보살상	54 사경
55 불교 목공예	56 부도	57 불화 그리기	58 고승 진영	59 미륵불
101 마애불	110 통도사	117 영산재	119 지옥도	123 산사의 하루
124 반가사유상	127 불국사	132 금동불	135 만다라	145 해인사
150 송광사	154 범어사	155 대흥사	156 법주사	157 운주사
171 부석사	178 철불	180 불교 의식구	220 전탑	221 마곡사
230 갑사와 동학사	236 선암사	237 금산사	240 수덕사	241 화엄사
244 다비와 사리	249 선운사	255 한국의 가사		

음식 일반(분류번호: 201)

60 전통 음식	61 팔도 음식	62 떡과 과자	63 겨울 음식	64 봄가을 음식
65 여름 음식	66 명절 음식	166 궁중음식과 서울음식		207 통과 의례 음식
214 제주도 음식	215 김치	253 장醬		

건강 식품(분류번호 : 202)

즐거운 생활(분류번호 : 203)

건강 생활(분류번호 : 204)

한국의 자연(분류번호 : 301)

미술 일반(분류번호 : 401)

역사(분류번호 : 501)